電気計算法シリーズ

回路理論の計算法

第2版

浅川 毅 監修／東京電機大学 編

$$i=\frac{V_m}{Z}\sin(\omega t-\theta)$$

TDU 東京電機大学出版局

序　文

電気・電子の学習を進める上で，計算力の養成は必要不可欠なものである．多くの例題や問題を解くことにより，計算力を上げることが電気・電子に関する知識習得の早道であると考える．

本電気計算法シリーズは，初めて電気系科目を学ぶ読者を対象とし，特別な知識がなくとも読み進められるように，平易かつていねいな解説に努め，企画・編集したものである．「電気理論」，「電気回路」，「ディジタル回路」の各分野より基本重要事項を厳選し，例題・問題を解きながら理解を深められるように構成した．具体的には，各項目を4ページ単位とし，解説（1ページ），例題（2ページ），練習問題（1ページ）の構成として，各章末には理解度を確認するための章末問題を用意した．また，本シリーズのねらいより，略解は用いずに解を導く手順を明らかにする詳しい解説を全問に付したので，計算手順の理解においても役立つであろう．

著者陣は，教育現場や企業における実践指導に尽力を注いできた実績とノウハウを有するベテラン達であり，「かゆいところに手が届く本」を目指して執筆して頂いた．電気，電子，情報系の学生のみならず，電気の入門書として，他学科の学生，電験などの資格取得を目指す方などに幅広く活用されることを待望するしだいである．

最後に，本企画を実現するにあたり，度重なる打ち合わせと多大なるご尽力を頂いた東京電機大学出版局 植村八潮氏，石沢岳彦氏に深く感謝申し上げる．

2003年1月

浅川毅

はじめに

電気・電子系の学習を進める上で電気回路の計算は，その基礎・基本となるものです．本書は，電気回路について，これから学ぼうとする学生，初級技術者のテキストとして，また，教科書などで学習した事項をさらに確実なものとするサブテキストとして，より効果的に実力が付けられるように執筆・編集したものです．

電気回路の学習は，理論式と具体的な現象との関係，理論式の表す意味，理論式の取り扱い，理論式を用いた計算の仕方など，それぞれの電気回路に応じた解法を理解する必要があります．

本書の構成は，「第1章 直流回路の基礎」，「第2章 直流回路の計算」，「第3章 交流回路の基礎」，「第4章 交流回路の計算」，「第5章 記号法による交流回路の計算」，「第6章 三相交流と非正弦波交流」の6つの章からなります．電気回路を学ぶ上での基礎知識から直流回路，交流回路の解法まで，広範囲にわたり詳しく取り上げています．

章を構成する各節は4ページでまとめてあります．各節の初めのページで，その節で学習する内容を解説し，2～3ページでは多くの例題を設けて理論式の取り扱いと計算法などを理解できるようにしました．最後のページでは練習問題を設けて実力がはかれるようにしました．また，各章の最後には章末問題も設け，さらに学習の習得がはかれるように配慮しました．

それぞれの節の独立性に配慮して構成しましたので，必要に応じた項目から読み進めることもできます．本書を活用して繰り返したくさんの問題を解くことで，電気回路の基礎・基本をマスターされることを期待します．

終わりに，本書を出版するにあたり多大なご尽力をいただいた監修者浅川毅氏および東京電機大学出版局の植村八潮氏，石沢岳彦氏に深く感謝申し上げます．

2003年9月

著者しるす

目 次

第1章

直流回路の基礎

オームの法則は電流I，電圧V，抵抗Rの関係を表した法則であり，電気回路を解くための最も重要となる法則である．

本章では，オームの法則を用いた直流回路の計算法を学ぶ．

キーワード　記号，単位，電流，電圧，抵抗，指数，オームの法則，抵抗の接続，内部抵抗，分流器，倍率器，抵抗率，導電率，温度係数，電池の接続，電池の容量

1.1 記号と単位

(a) 基本的な電気回路用図記号

電気回路は，さまざまな素子や部品により構成され，これらを表す図記号を組み合わせて回路が表される．図1·1に基本的な電気回路用図記号を示す．

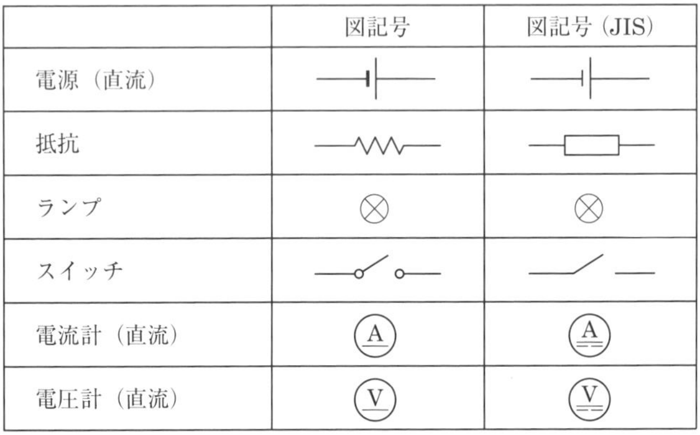

図記号
図記号（JIS）
電源（直流）
抵抗
ランプ
スイッチ
電流計（直流）
電圧計（直流）
A
V

図1·1

(b) 電流・電圧・抵抗

電気回路内の電流，電圧，抵抗に関する役割と表記法を表1·1に示す．

表1·1

	電流	電圧	抵抗
役割	電気の流れ	電気的圧力	電流の流れを妨げる
記号	I	V	R
単位（読み）	A（アンペア）	V（ボルト）	Ω（オーム）

(c) 指数

電気回路では，非常に小さな値から大きな値までを扱う．表1·2に単位に付加される指数を示す．

表1·2

	ナノ	マイクロ	ミリ		キロ	メガ	ギガ
記号	n	μ	m	基準	k	M	G
指数	10^{-9}	10^{-6}	10^{-3}		10^{3}	10^{6}	10^{9}

(d) 電流の向き

電流は，電源（電池）の+側から流れ出て，回路内を流れ電池の−側に流れ込む（電圧の高い方から低い方へと流れる）．

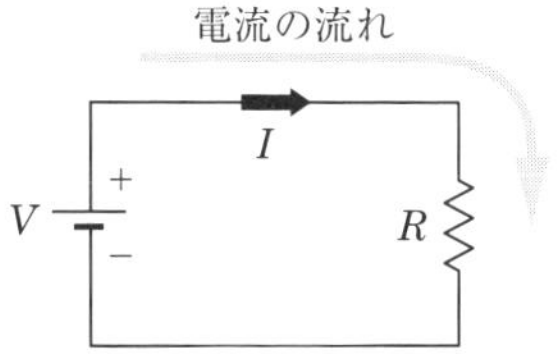

図1･2

例題 1.1 図は，電気回路における電圧，電流，抵抗のそれぞれを水圧，水流，抵抗（配管による抵抗）に例えたものである．次の文の（①）〜（④）には「増加」または「減少」のどちらがあてはまるか．

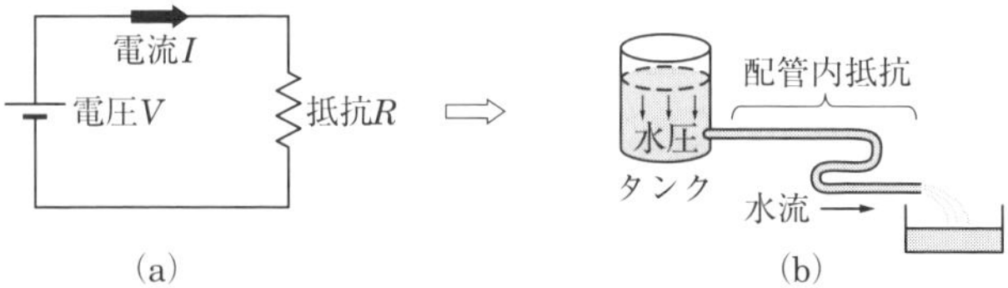

図(b)において，水圧を上げると水流（単位時間当たりに流れる水の量）は，（①）する．同様に，図(a)において，電圧Vを上げると，回路を流れる電流Iは（②）する．また，図(b)において，配管を太くし，配管内の抵抗を下げると，水流は（③）する．同様に，図(a)において，抵抗Rの値を下げると，回路を流れる電流Iは（④）する．

答 ①〜④：増加

例題 1.2 次の電気配線図を図記号を用いて表せ．また，図中のA点を流れる電流Iの向きを矢印で示せ．ただし，スイッチはONの状態とする．

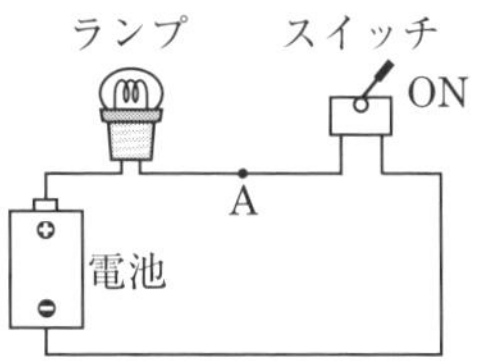

電流は電圧の高い方から低い方へ流れる．

答

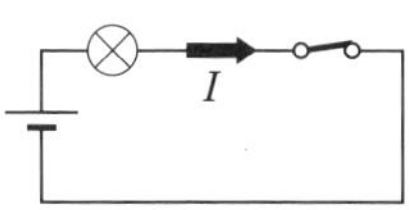

例題 1.3 次の問に答えよ．

（1）7.5kVは何〔V〕か．

（2）0.05Vは何〔mV〕か．

（3）300mAは何〔A〕か．

（4）0.45mAは何〔μA〕か．

（5）200 000Ωは何〔MΩ〕か．

（6）0.33MΩは何〔kΩ〕か．

解 基本の単位（〔A〕，〔V〕，〔Ω〕）に直して考える．

（1）$7.5\text{kV}=7.5\times10^{3}\text{V}=7500\text{V}$

（2）$0.05\text{V}=50\times10^{-3}\text{V}=50\text{mV}$

（3）$300\text{mA}=300\times10^{-3}\text{A}=300\div1000\text{A}=0.3\text{A}$

（4）$0.45\text{mA}=0.45\times10^{-3}\text{A}=450\times10^{-6}\text{A}=450\mu\text{A}$

（5）$200000\Omega=0.2\times10^{6}\Omega=0.2\text{M}\Omega$

（6）$0.33\text{M}\Omega=0.33\times10^{6}\Omega=330\times10^{3}\Omega=330\text{k}\Omega$

別解 変換前後の単位の関係を考える．

例えば，(3) では，単位を10^{3}倍に（mAをAに）するかわりに，数値を10^{-3}倍にする．したがって，$300\times10^{-3}=0.3$Aとなる．(6) では，単位を10^{-3}倍に（MΩをkΩに）するかわりに，数値を10^{3}倍にする．したがって，$0.33\times10^{3}=330$，すなわち330kΩとなる．

答 （1）7500V （2）50mV （3）0.3A （4）450μA （5）0.2MΩ （6）330kΩ

練習問題

1.1 次の文の（①）〜（⑥）に適当な語句または記号を記入せよ．

電流は単位（①）で表され，電圧の（②）い方から（③）い方へと流れる．

電圧は単位（④）で表され，電気的圧力を意味する．

抵抗Rは単位（⑤）で表され，電流の流れを妨げる働きをする．したがって，電流が流れる経路にある抵抗の値が大きければ，電流は流れ（⑥）なる．

1.2 次の文の（①），（②）に適当な語句を記入せよ．

単位を変換するときに，250mA→0.25Aのように単位部が大きくなれば，数値部は（①）くなる．また，0.5kΩ→500Ωのように単位部が小さくなれば，数値部は（②）くなる．

1.3 次に示す式の（①）〜（⑫）に適当な数字を入れよ．

856mV=（①）〔V〕	0.04V=（②）〔mV〕
1402V=（③）〔kV〕	432mA=（④）〔A〕
1.25A=（⑤）〔mA〕	125μA=（⑥）〔mA〕
0.03mA=（⑦）〔μA〕	1263Ω=（⑧）〔kΩ〕
1256kΩ=（⑨）〔MΩ〕	1.2MΩ=（⑩）〔kΩ〕
33000Ω=（⑪）〔MΩ〕	0.01kΩ=（⑫）〔Ω〕

1.4 図の電気結線図を図記号を用いて表せ．また，点A_1，A_2，A_3を流れる電流をそれぞれI_1，I_2，I_3とし，流れる方向を矢印で示せ．

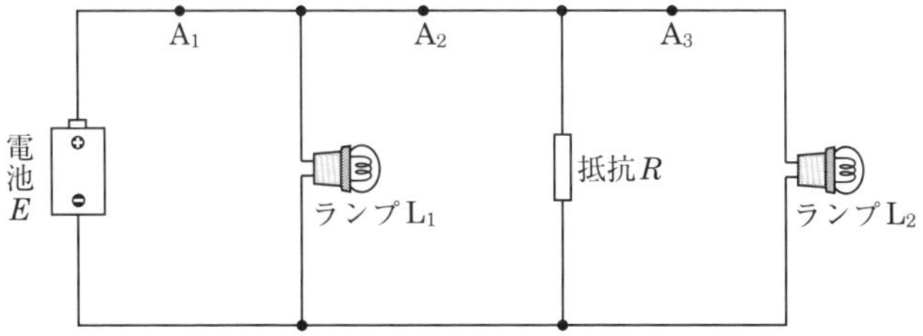

1.2 オームの法則

(a) 電圧計の接続

電圧計は，電圧を測る箇所に並列に接続する．

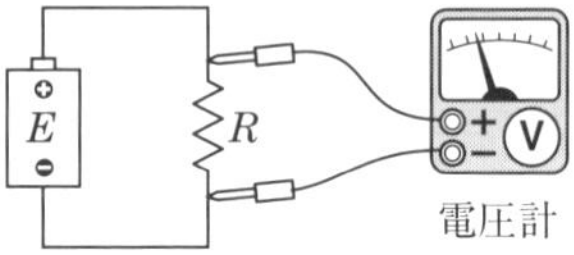

(a) 結線図

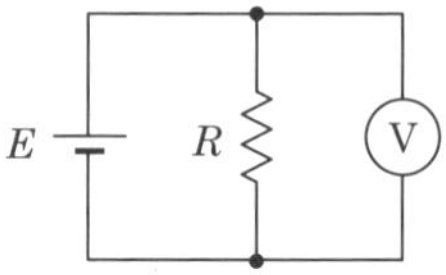

(b) 回路図

図 1.3

(b) 電流計の接続

電流計は，電流を測る箇所に直列に接続する．

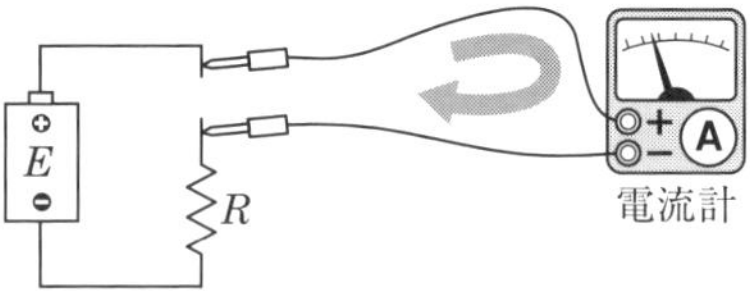

(a) 結線図

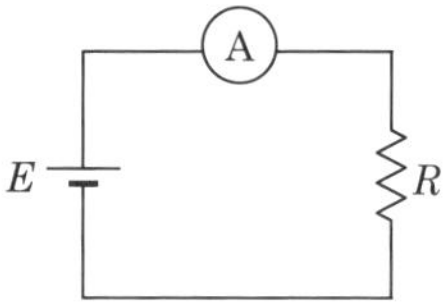

(b) 回路図

図 1·4

(c) オームの法則

抵抗を流れる電流I〔A〕は，抵抗の両端の電圧V〔V〕に比例し，抵抗値R〔Ω〕に反比例する．これを**オームの法則**といい，次式で表される．

$$V = IR \text{〔V〕} \quad \text{（電圧に注目）}$$

$$I = \frac{V}{R} \text{〔A〕} \quad \text{（電流に注目）}$$

$$R = \frac{V}{I} \text{〔Ω〕} \quad \text{（抵抗に注目）}$$

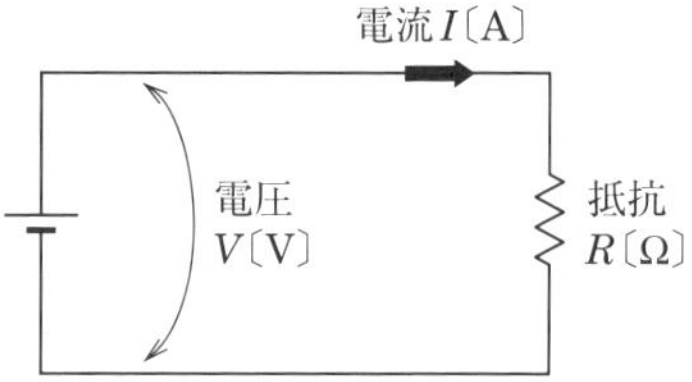

図 1·5

例題 1.4　次の表は，図に示す回路における電圧，電流，抵抗の関係を示したものである．オームの法則を用いて，空欄①～⑥に適切な値を記入せよ．

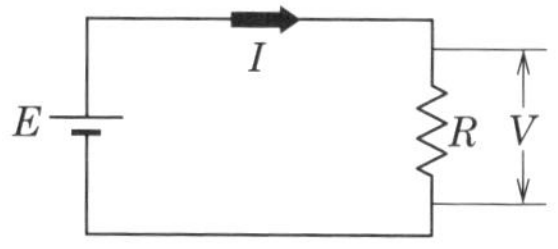

回路図

V	電源Eの電圧（抵抗Rに加わる電圧）	4V	5V	③	④	100V	6V
I	抵抗Rに流れる電流（回路に流れる電流）	2A	100mA	10A	200mA	4A	5mA
R	抵抗Rの値	①	②	50Ω	1kΩ	⑤	⑥

解　電源電圧は抵抗Rに加わる電圧V，回路を流れる電流Iは抵抗Rを流れる電流なので，抵抗Rに対してオームの法則を適用し，解く．

① $R=\dfrac{V}{I}=\dfrac{4}{2}=2\Omega$

② $R=\dfrac{V}{I}=\dfrac{5}{100\times10^{-3}}=50\,\Omega$

③ $V=IR=10\times50=500\text{V}$

④ $V=IR=200\times10^{-3}\times1\times10^{3}=200\text{V}$

⑤ $R=\dfrac{V}{I}=\dfrac{100}{4}=25\Omega$

⑥ $R=\dfrac{V}{I}=\dfrac{6}{5\times10^{-3}}=1.2\text{k}\Omega$

答　① 2Ω　② 50Ω　③ 500V　④ 200V　⑤ 25Ω　⑥ 1.2kΩ

例題 1.5　図の回路を流れる電流Iとⓐ-ⓑ間の電圧Vを測定する場合，電流計，電圧計の接続方法について，それぞれを回路図に示せ．また，そのときの電流I，電圧Vの大きさを求めよ．ただし電源$E=20$V，抵抗$R=4\Omega$とする．

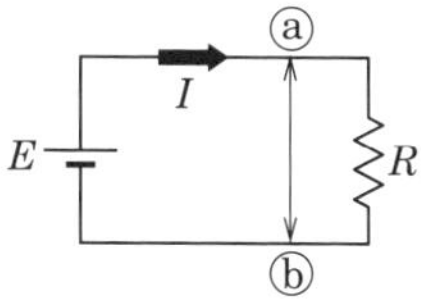

解　測定部に対して，電流計は直列に，電圧計は並列に接続する．

抵抗Rに対してオームの法則を適用し，$I=V/R=20/4=5$Aを求める．

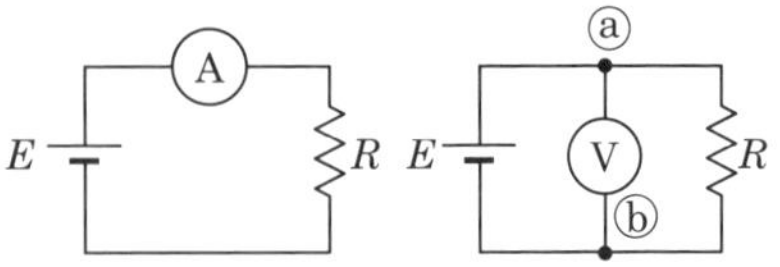

（a）電流計を接続　（b）電圧計を接続

答　$V=20$V，$I=5$A

例題 1.6　図の回路で，電源電圧Eを0～20Vに変化させたときの電圧Eと電流Iの関係を表およびグラフに示せ．ただし，抵抗Rの値は200Ωとする．

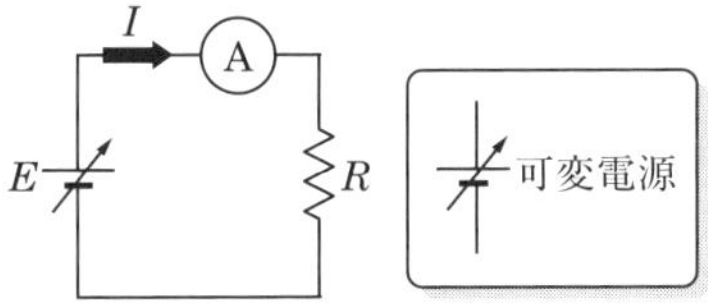

（a）

電圧E〔V〕	0	4	8	12	16	20
電流I〔mA〕						

（b）

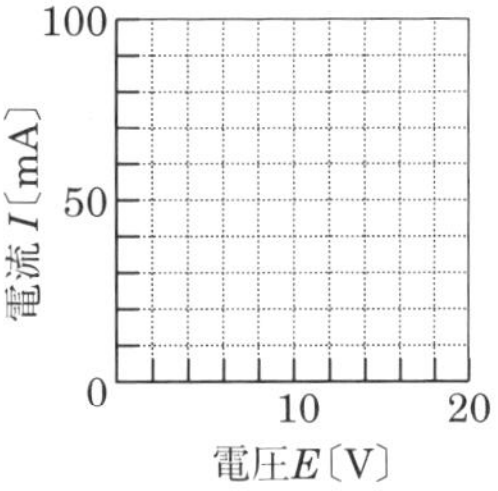

（c）

解　オームの法則$I=V/R=V/200$〔A〕に電圧値0～20Vを代入して電流値を求め，表とグラフを完成させる．

答

電源E〔V〕	0	4	8	12	16	20
電流I〔mA〕	0	20	40	60	80	100

（a）

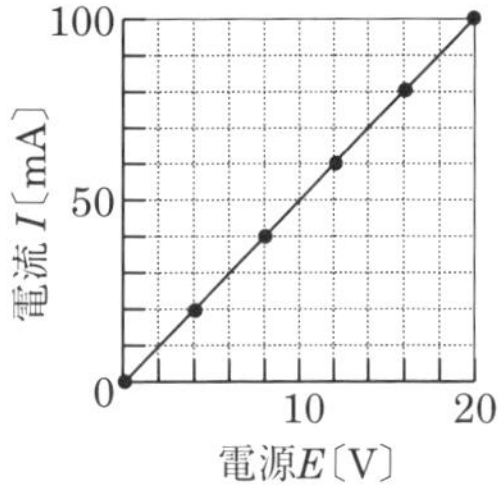

（b）

練習問題

1.5 10Ωの抵抗線に電圧2Vを加えたときに流れる電流はいくらか.

1.6 ある電球に100Vの電圧を加えたところ0.4Aの電流が流れた.そのときの電球の抵抗は何オームか.

1.7 20Ωの抵抗に3Aの電流を流すには何〔V〕の電圧を加えたらよいか.

1.8 図(a)に示す測定回路の電圧Eを0～10Vに変化させ,抵抗R_1,R_2,R_3における電圧と電流の関係を調べ,同図(b)のグラフを求めた.次の(①)～(④)の空欄に適当な語句または数値を記入せよ.

抵抗R_1,R_2,R_3の値はそれぞれ(①)〔Ω〕,(②)〔Ω〕,(③)〔Ω〕であり,抵抗値が大きいほど電圧の変化量に対する電流の変化量が(④)ことがグラフよりわかる.

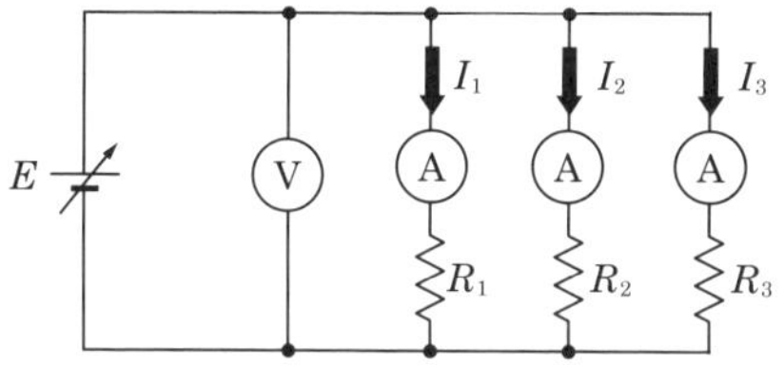

(a)

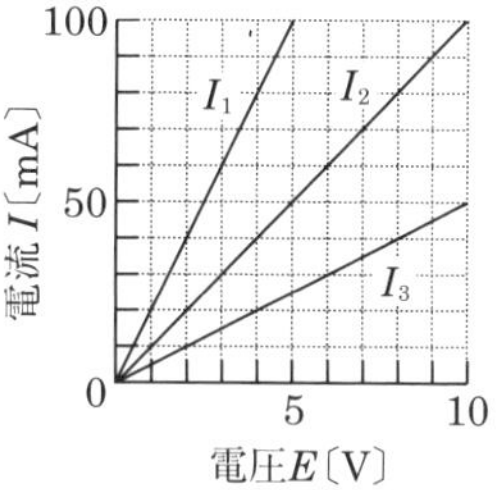

(b)

1.9 オームの法則では電流と抵抗は反比例の関係にある.このことを確かめるため,図(a)の回路で電圧Eを10Vに固定し,抵抗を1,2,5,10Ωと変化させたときの電流Iを測定した.予想される結果を図(b)のグラフに示せ.

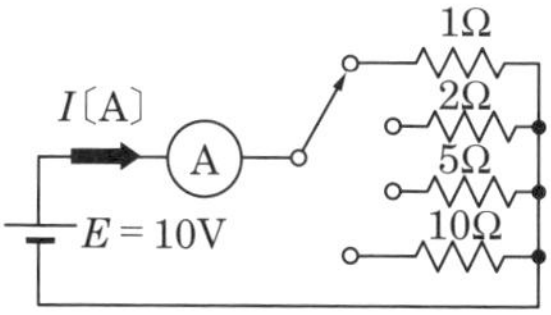

(a)

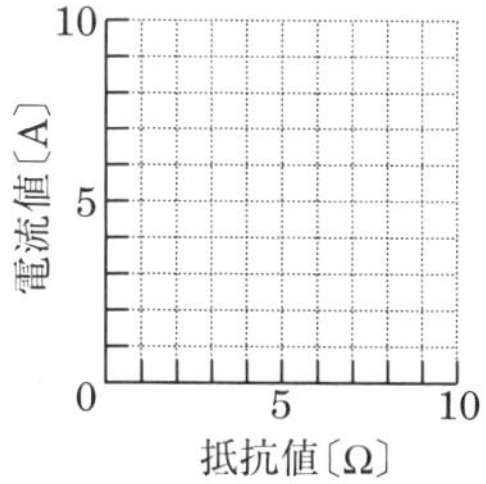

(b)

1.3 抵抗の接続

電気回路において複数の抵抗成分を合成して扱うことが多い．**抵抗の合成**は，表1·3に示すように**直列接続**と**並列接続**に分けて計算する．

表 1·3

	直列接続	並列接続
回路図		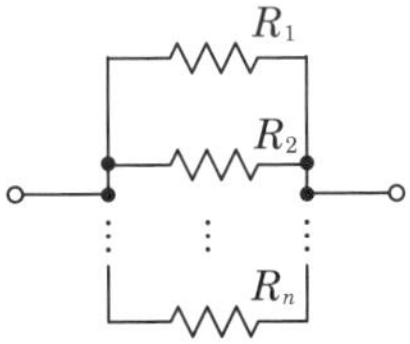
合成抵抗	$R=R_1+R_2+\ \cdots\ +R_n$ 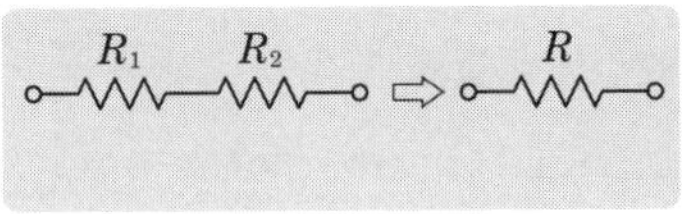 $R=R_1+R_2$	$R=\dfrac{1}{\dfrac{1}{R_1}+\dfrac{1}{R_2}+\cdots\dfrac{1}{R_n}}$ 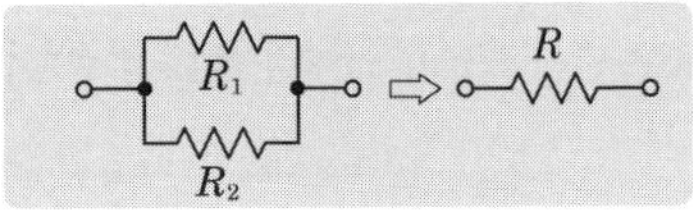 $R=\dfrac{1}{\dfrac{1}{R_1}+\dfrac{1}{R_2}}=\dfrac{R_1\times R_2}{R_1+R_2}$ 和分の積
電流と電圧	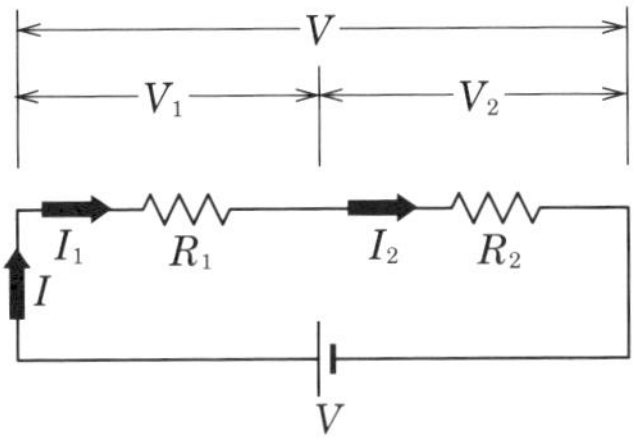 $I=I_1=I_2$ $V_1=\dfrac{R_1}{R_1+R_2}V$ または $V_1=IR_1$ $V_2=\dfrac{R_2}{R_1+R_2}V$ または $V_2=IR_2$	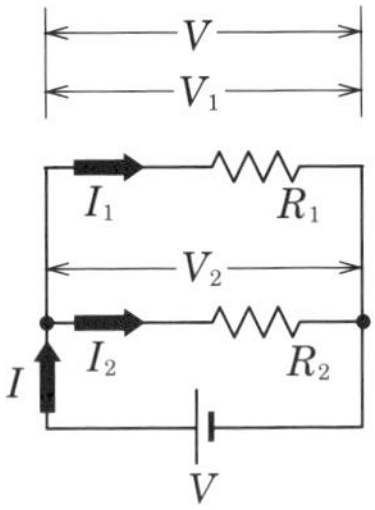 $I_1=\dfrac{R_2}{R_1+R_2}I$ または $I_1=\dfrac{V}{R_1}$ $I_2=\dfrac{R_1}{R_1+R_2}I$ または $I_2=\dfrac{V}{R_2}$ $V=V_1=V_2$

例題 1.7

図の回路で，$E=10\mathrm{V}$，$R_1=10\Omega$，$R_2=6\Omega$，$R_3=4\Omega$のとき，次の問に答えよ．

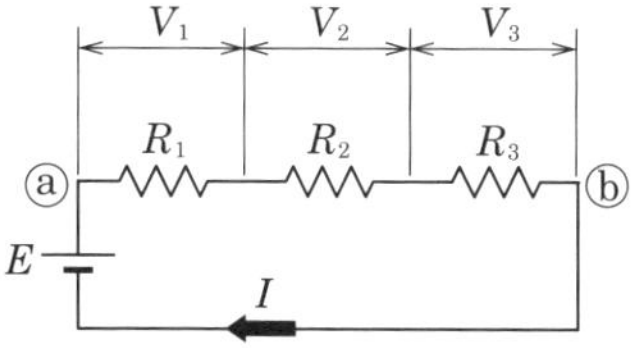

(1) ⓐ-ⓑ間の合成抵抗を求めよ．

(2) 回路を流れる電流Iを求めよ．

(3) R_1，R_2，R_3にかかる電圧V_1，V_2，V_3をそれぞれ求めよ．

解 (1) R_1，R_2，R_3の直列合成抵抗$R=R_1+R_2+R_3$を求める．

$$R=R_1+R_2+R_3=10+6+4=20\Omega$$

(2) 合成抵抗Rを，電流に注目したオームの法則$I=V/R$に適用する．

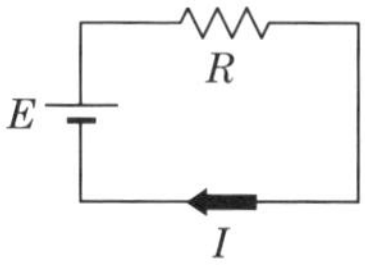

$$I=\frac{V}{R}=\frac{E}{R}=\frac{10}{20}=0.5\mathrm{A}$$

(3) 各抵抗についてオームの法則$V=IR$を適用する（抵抗を流れる電流はいずれもIである）．

$$V_1=IR_1=0.5\times10=5\mathrm{V}$$

$$V_2=IR_2=0.5\times6=3\mathrm{V}$$

$$V_3=IR_3=0.5\times4=2\mathrm{V}$$

別解 各抵抗にかかる電圧は以下の式で表される（式のVは電源Eと等しい）．

$$V_1=\frac{R_1}{R_1+R_2+R_3}V=\frac{10}{10+6+4}\times10=5\,\mathrm{V}$$

$$V_2=\frac{R_2}{R_1+R_2+R_3}V=\frac{6}{10+6+4}\times10=3\,\mathrm{V}$$

$$V_3=\frac{R_3}{R_1+R_2+R_3}V=\frac{4}{10+6+4}\times10=2\,\mathrm{V}$$

答 (1) 20Ω (2) 0.5A (3) $V_1=5\mathrm{V}$，$V_2=3\mathrm{V}$，$V_3=2\mathrm{V}$

例題 1.8 図の回路で，$E=6\text{V}$，$R_1=2\Omega$．$R_2=2\Omega$，$R_3=1\Omega$のとき，次の問に答えよ．

(1) ⓐ-ⓑ間の抵抗を求めよ．

(2) 回路を流れる電流Iを求めよ．

(3) R_1，R_2，R_3を流れる電流I_1，I_2，I_3をそれぞれ求めよ．

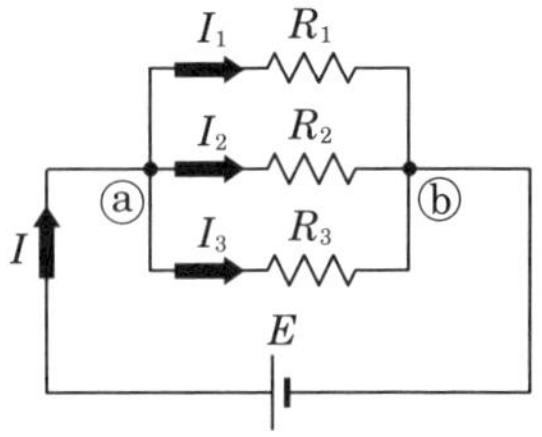

解 (1) R_1，R_2，R_3の並列合成抵抗となる．合成抵抗は$R=1/(1/R_1+1/R_2+1/R_3)$で求まる．

$$R=\frac{1}{\dfrac{1}{R_1}+\dfrac{1}{R_2}+\dfrac{1}{R_3}}=\frac{R_1R_2R_3}{R_2R_3+R_1R_3+R_1R_2}$$ （分子分母に$R_1R_2R_3$をかける）

$$=\frac{2\times2\times1}{2\times1+2\times1+2\times2}=\frac{4}{8}=0.5\Omega$$

別解 R_1とR_2の合成抵抗を和分の積$R_1R_2/(R_1+R_2)$で求めた後，さらにR_3との合成抵抗を和分の積で求める．

(2) R_1，R_2，R_3の合成抵抗Rをオームの法則$I=E/R$に適用する．

$$I=\frac{E}{R}=\frac{6}{0.5}=12\text{A}$$

(3) それぞれの抵抗についてオームの法則$I=E/R$を適用する．

$$I_1=\frac{E}{R_1}=\frac{6}{2}=3\text{A},\ I_2=\frac{E}{R_2}=\frac{6}{2}=3\text{A},\ I_3=\frac{E}{R_3}=\frac{6}{1}=6\text{A}$$

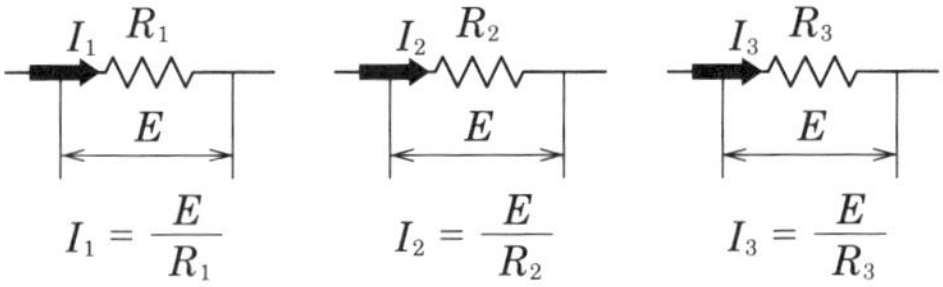

答 (1) 0.5Ω (2) 12A (3) $I_1=3\text{A}$，$I_2=3\text{A}$，$I_3=6\text{A}$

練習問題

1.10 図のようにR =6Ωの抵抗を結ぶと，合成抵抗はそれぞれ何〔Ω〕になるか．

(a)

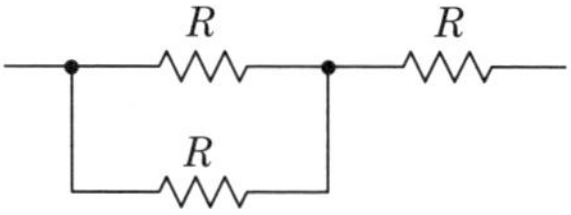

(b)

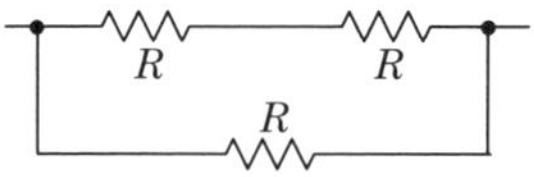

(c)

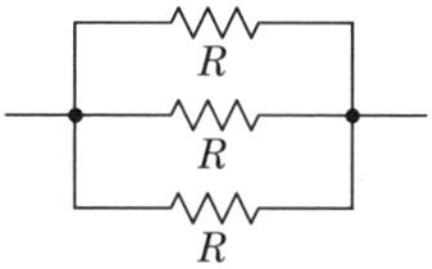

(d)

1.11 24Ωと36Ωの抵抗を直列および並列に接続すると合成抵抗はそれぞれ何〔Ω〕か．

1.12 25Ωの抵抗に200Vの電源を用いて2Aの電流を流すには何〔Ω〕の抵抗を直列に接続したらよいか．

1.13 図の回路に1Aの電流を流したとき，次の問に答えよ．

(1) 各抵抗を流れる電流I_1，I_2を求めよ．

(2) ⓐ-ⓒ間の合成抵抗を求めよ．

(3) 電圧V_{ab}，V_{bc}，V_{ac}を求めよ．

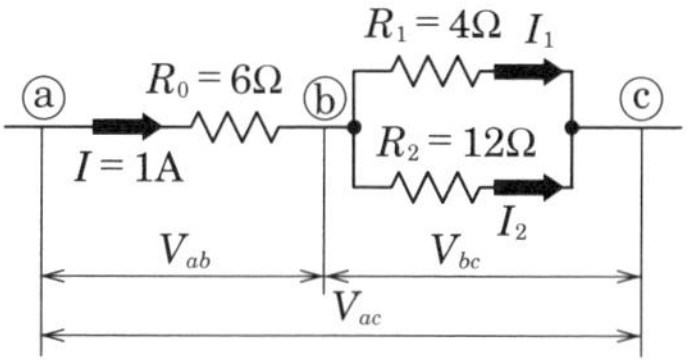

1.14 図の回路について次の問に答えよ．

(1) ⓑ-ⓒ間の合成抵抗を求めよ．

(2) ⓐ-ⓒ間の合成抵抗を求めよ．

(3) 電流Iを求めよ．

(4) ⓐ-ⓑ間の電圧を求めよ．

(5) ⓑ-ⓒ間の電圧を求めよ．

(6) 抵抗R_1，R_2，R_3を流れる電流I_1，I_2，I_3を求めよ．

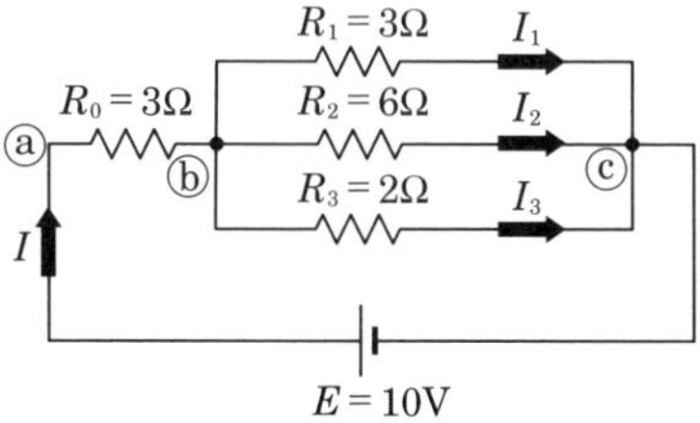

1.4 分流器・倍率器

電流計や電圧計の測定範囲の上限は，あらかじめ最大定格値として定められている．この測定範囲を拡大するために，電流計では**分流器**，電圧計では**倍率器**を用いる．

表 1・4

分流器	倍率器
電流計の測定範囲を拡大するために電流計と並列に接続する抵抗	電圧計の測定範囲を拡大するために電圧計と直列に接続する抵抗
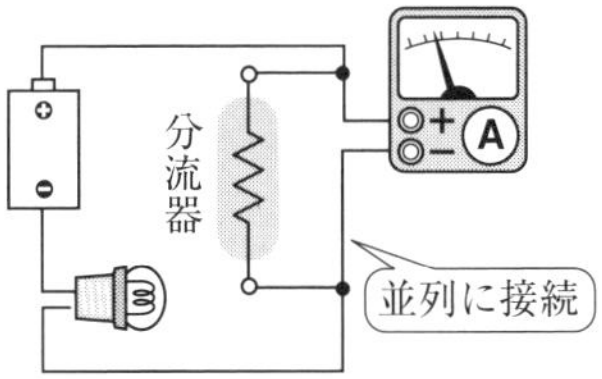	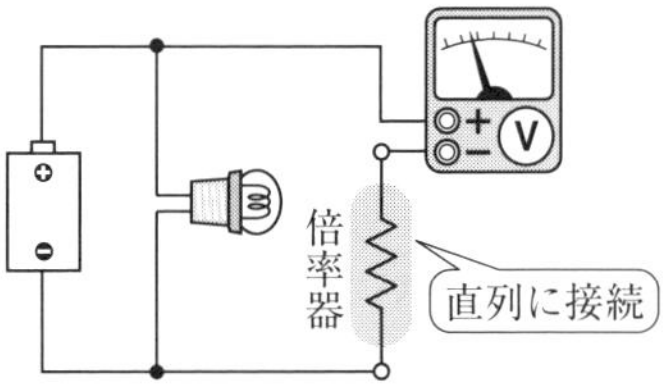
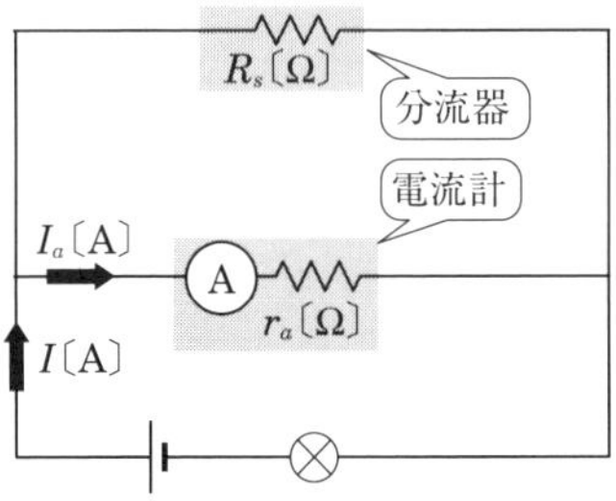 I_a〔A〕は電流計の示す値 I〔A〕は測定電流	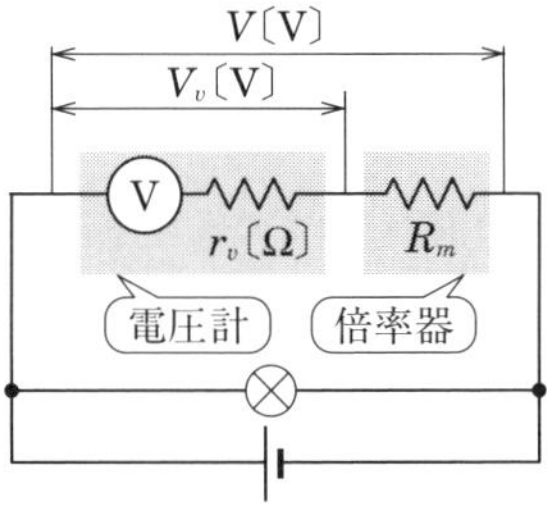 V_v〔V〕は電圧計の示す値 V〔V〕は測定電圧
$I = \left(1 + \dfrac{r_a}{R_s}\right) I_a$ $I = mI_a\left(ただし\ m = 1 + \dfrac{r_a}{R_s}\right)$	$V = \left(1 + \dfrac{R_m}{r_v}\right) V_v$ $V = nV_v\left(ただし\ n = 1 + \dfrac{R_m}{r_v}\right)$
r_a〔Ω〕：電流計の内部抵抗 （電流計自身の抵抗） R_s〔Ω〕：分流器の抵抗 m ：分流器の倍率	r_v〔Ω〕：電圧計の内部抵抗 （電圧計自身の抵抗） R_m〔Ω〕：倍率器の抵抗 n ：倍率器の倍率

例題 1.9

図の回路における電流計の読みは10mAであった．このときの分流器の倍率mおよび回路全体を流れる電流Iを求めよ．ただし電流計の内部抵抗r_aは5Ω，分流器R_sは0.5Ωとする．

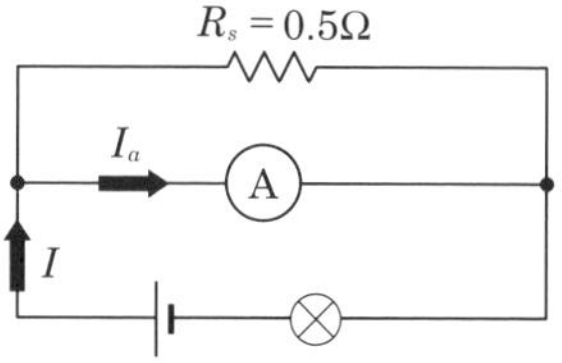

解 電流計の内部抵抗r_a，分流器R_sより，分流器の倍率は$m = 1 + r_a / R_s$，回路を流れる電流は$I = mI_a$で求まる．

分流器の倍率 $m = 1 + \dfrac{r_a}{R_s} = 1 + \dfrac{5}{0.5} = 11$

回路を流れる電流$I = mI_a = 11 \times 10\text{mA} = 110\text{mA}$

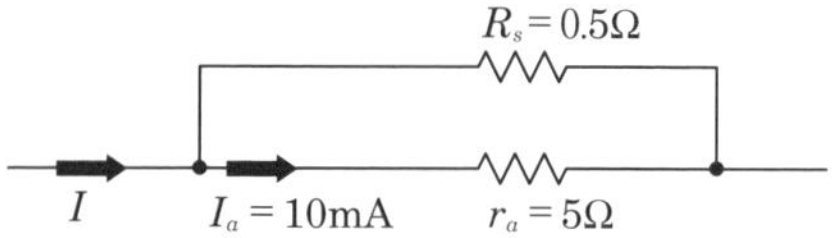

答 $m = 11$，$I = 110\text{mA}$

例題 1.10

図の回路における電圧計の読みは，10Vであった．このときの倍率器の倍率nおよび電源電圧Eの値を求めよ．ただし電圧計の内部抵抗$r_v = 10\text{k}\Omega$，倍率器$R_m = 50\text{k}\Omega$を用いる．

解 倍率器の倍率nは電圧計の内部抵抗r_vと倍率器の値R_mより，$n = 1 + R_m / r_v$で表される．測定電圧は，倍率器の倍率$n \times$電圧計の読みV_vで求まる．

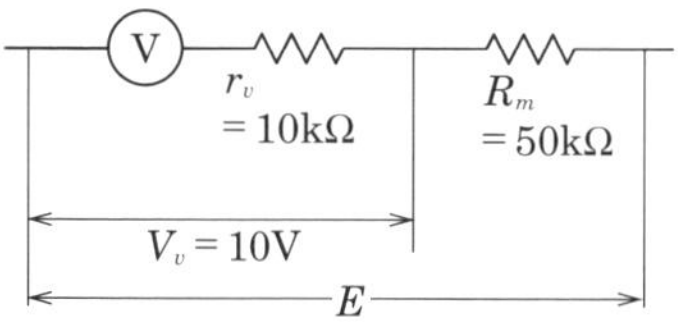

倍率器の倍率 $n = 1 + \dfrac{R_m}{r_v} = 1 + \dfrac{50 \times 10^3}{10 \times 10^3} = 6$

電源電圧$E = nV_v = 6 \times 10 = 60\text{V}$

答 $n = 6$，$E = 60\text{V}$

例題 1.11　最大目盛が100mAの電流計を用いて最大1Aの電流を測定するには，何〔Ω〕の分流器が必要か．ただし，この電流計の内部抵抗は5Ωとする．

解　分流器の倍率m ＝最大測定電流値 / 電流計の最大目盛＝$1/(100\times10^{-3})=10$，分流器の倍率$m=1+r_a/R_s$より

$$R_s=\frac{r_a}{m-1}=\frac{5}{10-1}\fallingdotseq0.56\Omega$$

答　0.56Ω

例題 1.12　最大目盛が10Vの電圧計を用いて，最大150Vの電圧を測定するには何〔Ω〕の倍率器が必要か．ただし，この電圧計の内部抵抗は10kΩとする．

解　倍率器の倍率n＝最大測定電圧値/電圧計の最大目盛＝150 / 10＝15

倍率器の倍率$n=1+R_m/r_v$より

$$R_m=(n-1)\times r_v=(15-1)\times10\text{k}=140\text{k}\Omega$$

答　140kΩ

例題 1.13　内部抵抗2Ωの電流計に対して0.1Ωの分流器を用いたとき，最大測定電流は何倍になるか．

解

$$m=1+\frac{r_a}{R_s}=1+\frac{2}{0.1}=21$$

答　21倍

練習問題

1.15 次の文の（①）～（④）に適当な語句を記入せよ．

電流計の測定範囲の拡大を目的として，（①）に対して（②）に接続する抵抗を分流器という．

電圧計の測定範囲の拡大を目的として，（③）に対して（④）に接続する抵抗を倍率器という．

1.16 内部抵抗が15kΩで定格150Vの電圧計がある．この電圧計を用いて最大600Vまでの電圧を測るための倍率器の抵抗はいくらか．

1.17 内部抵抗0.21Ω，最大目盛2.5Aの電流計がある．分流器を用い10Aを測定するための分流器の抵抗値はいくらか．

1.18 5Ωの抵抗に100Aが流れている．この電流を10Aにするために付ける分流器の抵抗はいくらか．

1.19 図は，ある電圧計の内部回路を示したものである．r_vは電圧計の内部抵抗を示し，R_1，R_2，R_3は倍率器である．次の説明の（①）～（⑥）に適当な語句や数値を入れよ．

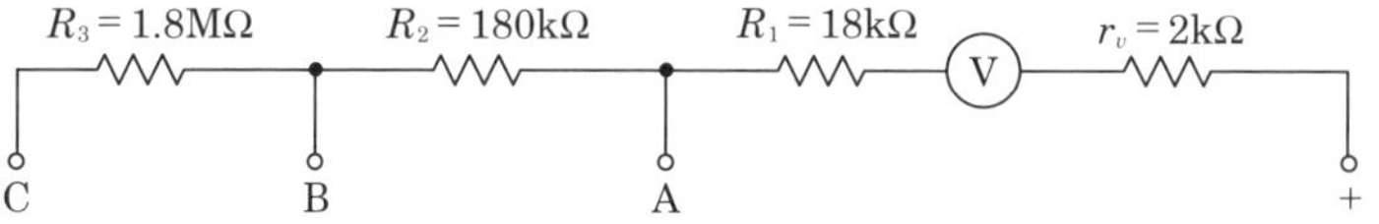

+端子とA端子を用いて電圧を測定する場合，倍率器の働きをするのは抵抗（①）である．したがって，倍率器の倍率は（②）となる．+端子とB端子を用いて電圧を測定する場合，倍率器として働くのは，抵抗（③）と（④）である．したがって倍率器の倍率は（⑤）となる．同様に考え，+端子とC端子を用いた場合の倍率は（⑥）となる．

1.5 導体の抵抗

(a) 抵抗率

断面積が1m²の導体の1m当たりの抵抗値のことを**抵抗率**といい，ρ〔Ω·m〕で表す．したがって，導体の抵抗をR〔Ω〕，断面積をA〔m²〕，長さをl〔m〕とすると次式が成り立つ．

$$R = \rho \frac{l}{A} \text{〔Ω〕}$$

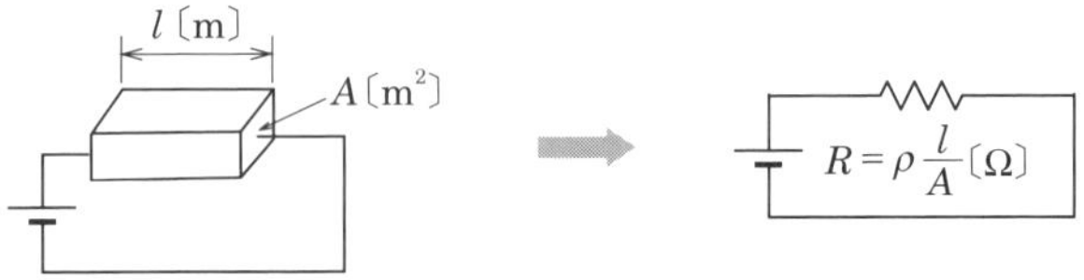

図1·6

(b) 導電率

電流の伝わりやすさを表すものに**導電率**があり，σ〔S/m〕で表す．導電率は抵抗率ρの逆数となり，次式のようになる．

$$\sigma = \frac{1}{\rho} \text{〔S/m〕}, \quad \rho = \frac{1}{\sigma} \text{〔Ω·m〕}$$

ここで，Sは**シーメンス**といい，単位〔1/(Ω·m)〕である．

(c) 抵抗の温度係数

導体の温度が変わるとその導体の抵抗値が変化する．温度が1℃上昇するごとに変化する抵抗値の割合を**温度係数**といいαで表す．ある温度t〔℃〕のときの抵抗がR_t〔Ω〕で，1℃上昇したとき抵抗がr〔Ω〕増加したとすると，温度係数は次式で表される．

$$\alpha = \frac{r}{R_t} \quad \text{または} \quad r = \alpha R_t \text{（一定）}$$

一般に金属は温度上昇とともに低抗値が増加するが，半導体・炭素・電解液などは抵抗値が減少する．したがってこのようなものは温度係数が負の値となる．t〔℃〕における温度係数をα_t，抵抗R_t〔Ω〕の導体がT〔℃〕になったとすれば，温度の上昇は$(T-t)$〔℃〕であるから，抵抗の増加は$\alpha_t R_t (T-t)$〔℃〕となり，T〔℃〕における全体の抵抗R_Tは，

$$R_T = R_t\{1 + \alpha_t (T-t)\}$$

となる．

例題 1.14 図の導線のⓐ-ⓑ間の抵抗を求めよ．ただし導線の抵抗率を2.35×10^{-8}Ω·mとする．

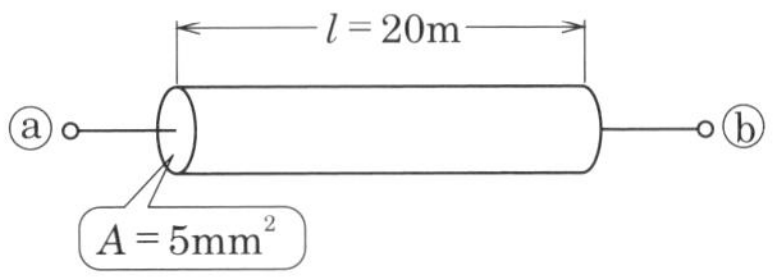

解 単位を〔m〕にそろえる．

断面積A = 5mm^2 = 5mm×1mm = 5×10^{-3}m×1×10^{-3}m = 5×10^{-6}m^2

抵抗率ρ = 2.35×10^{-8}Ω·m

長さl = 20m

そして式$R=\rho l/A$にρ，l，Aの値を代入する．

$$R=\frac{\rho l}{A}=\frac{2.35\times10^{-8}\times20}{5\times10^{-6}}=0.094\Omega$$

答 0.094 Ω

例題 1.15 直径2mm，長さ300mの銅線の抵抗は何オームか．ただし銅線の抵抗率を1.72×10^{-8}Ω·mとして計算せよ．

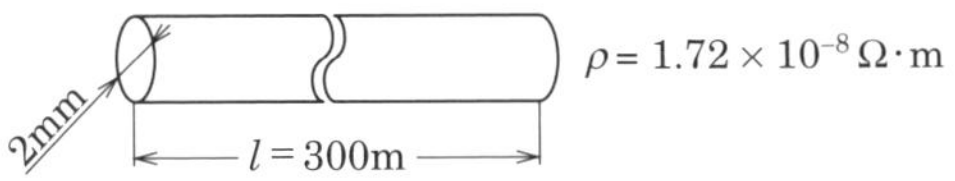

解 長さl = 300m

断面積A = 1×1×π = π〔mm^2〕= π×10^{-6}m^2

抵抗$R=\rho l/A$の式にρ，l，Aの値を代入する．

$$R=\frac{\rho l}{A}=\frac{1.72\times10^{-8}\times300}{\pi\times10^{-6}}\fallingdotseq1.64\Omega$$

答 1.64 Ω

例題 1.16　温度が25℃のときに，抵抗が20Ωの導線がある．100℃における導線の抵抗値を求めよ．ただし25℃における導線の温度係数を0.005とする．

解　式$R_T=R_t\{1+\alpha_t(T-t)\}$において，$T$=100℃，$t$=25℃より

$$R_{100}=R_{25}\{1+\alpha_{25}(100-25)\}=R_{25}(1+\alpha_{25}\times 75)$$

25℃のときの抵抗値$R_{25}=20\Omega$と25℃のときの温度係数$\alpha_{25}=0.005\Omega$を代入し求める．したがって

$$R_{100}=R_{25}\{1+\alpha_{25}\times(100-25)\}=20(1+0.005\times 75)=27.5\ \Omega$$

答　27.5 Ω

例題 1.17　ある銅線の抵抗を20℃で測ったら50Ωであり，温度を上げて測ったら60Ωになった．温度上昇はいくらか．ただし，20℃における銅線の温度係数は3.93×10^{-3}とする．

解　$R_T=R_t\{1+\alpha_t(T-t)\}$より温度上昇$T-t$を導く．

$$R_T=R_t+R_t\cdot\alpha_t(T-t)$$

$$T-t=\frac{R_T-R_t}{R_t\alpha_t}=\frac{60-50}{50\times 3.93\times 10^{-3}}\fallingdotseq 51℃$$

答　51℃

例題 1.18　ある導線の抵抗値は，25℃のとき10Ω，200℃のとき80Ωであった．25℃における導線の温度係数を求めよ．

解　$R_{200}=R_{25}\{1+\alpha_{25}(200-25)\}$より

$$\alpha_{25}=\frac{\dfrac{R_{200}}{R_{25}}-1}{200-25}=\frac{\dfrac{80}{10}-1}{200-25}=0.04$$

答　0.04

練習問題

1.20 次の（①）～（③）に適当な語句を記入せよ．

導電率は（①）の逆数で表され，電流の伝わりやすさを示す．したがって導電率が（②）い導体は電流が流れやすく，導電率が（③）い導体は電流が流れにくい．

1.21 抵抗率が1.724×10^{-8} Ω·mの銅の導電率を求めよ．

1.22 抵抗率が9.8×10^{-8} Ω·mの鉄の導電率を求めよ．

1.23 次の（①）～（④）に適当な語句または数値を記入せよ．

導体の断面積をA〔m²〕，長さをl〔m〕，抵抗率をρ〔Ω·m〕としたとき，その抵抗Rは$R=\rho\,(l/A)$〔Ω〕で表される．このことより，導線の抵抗は長さに（①）し，断面積に（②）することがわかる．このことより，長さのみを2倍にしたときの抵抗値は（③）倍になり，断面積のみを2倍にしたときの抵抗値は（④）倍となる．

1.24 長さ2km，直径3mmの銅線の抵抗を求めよ．ただし銅線の抵抗率は1.77×10^{-8} Ω·mとする．

1.25 次の（①）～（④）に適当な語句または数値を記入せよ．

抵抗の温度係数とは温度が（①）〔℃〕上昇するごとに変化する抵抗値の割合を示す．温度係数が（②）ほど，温度変化に対する抵抗値の変化が小さい．また．温度係数が正の値の物質は，温度が上昇すると抵抗値は（③）がり，温度係数が負の物質は，温度が上昇すると抵抗値は（④）がる．

1.26 温度が20℃のときに抵抗が5.0Ω，温度係数が0.0084となる導体がある．この導体の温度を60℃にしたとき抵抗はいくらになるか．また，100℃にしたときはいくらになるか．

1.27 直径1mm，長さ1000mのニクロム線の抵抗は20℃でいくらか．ただし，ニクロム線の抵抗率は，20℃で110×10^{-8} Ω·mとする．

1.28 直径2.6mmの電線1kmの抵抗が20℃で3.348Ωである．このときの電線の抵抗率を求めよ．

1.6 電池の接続

(a) 電池の端子電圧

内部抵抗（電池自身のもつ抵抗）を考慮した電池の端子電圧V

$$V = E - Ir \text{〔V〕}$$

E：電池の起電力，I：電池から流れ出る電流，r：電池の内部抵抗

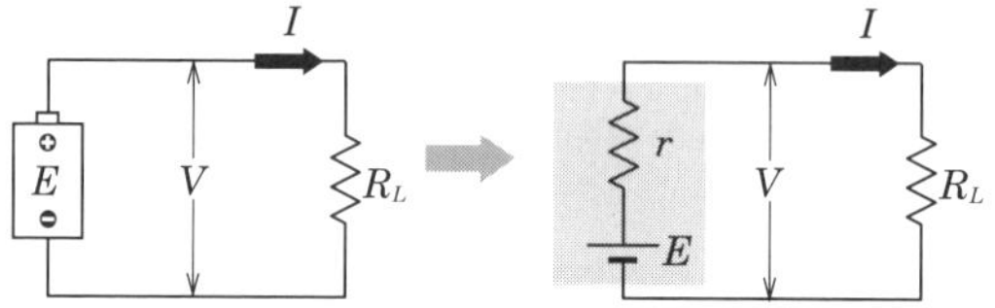

R_L：負荷抵抗

図 1・7

(b) 電池の直列接続

n個の電池を直列に接続した場合，電池の総起電力ΣVと総内部抵抗Σr

$$\Sigma V = nE$$

$$\Sigma r = nr$$

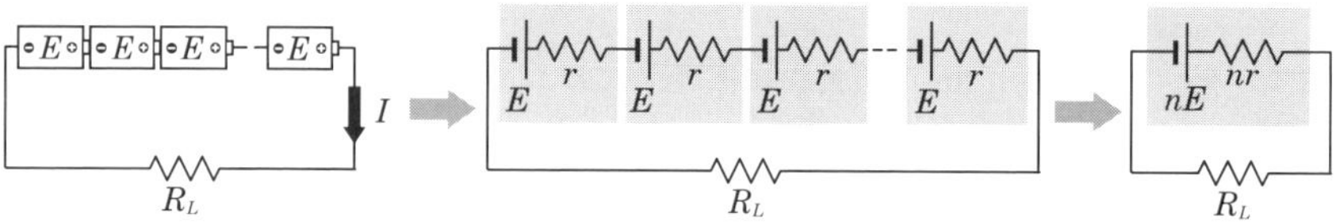

図 1・8

(c) 電池の並列接続

n個の電池を並列に接続した場合，電池の総起電力ΣVと総内部抵抗Σr

$$\Sigma V = E$$
$$\Sigma r = \frac{r}{n}$$

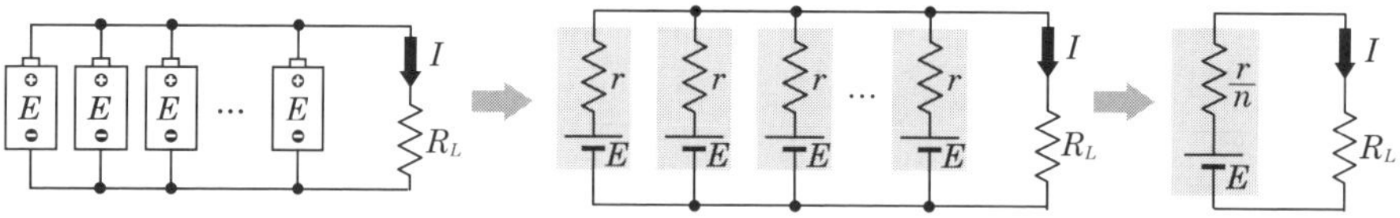

図 1・9

(d) 電池の容量

I〔A〕の電流をH〔h（時間）〕流すことができる電池の容量W

$$W = IH \text{〔Ah〕}$$

例題 1.19 起電力5.0V，内部抵抗0.2Ωの電池で10.0Ωの負荷を駆動する場合に，回路を流れる電流Iと電池の端子電圧Vを求めよ．

解 図の回路を考え，オームの法則より電流Iを求める．電池の端子電圧は電池の起電力から抵抗による電圧降下を減じたものとなるので，$V=E-Ir$により求まる．

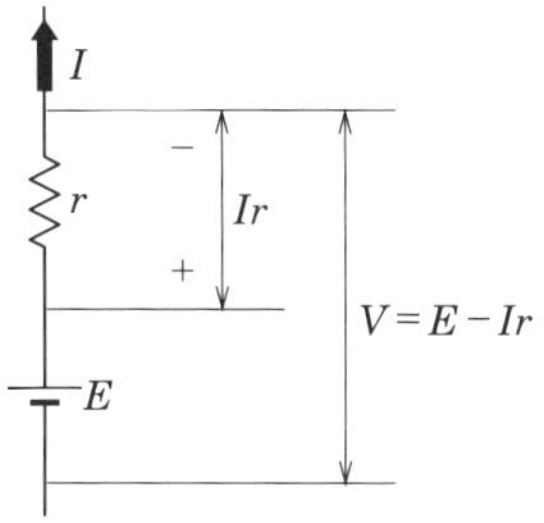

回路の総抵抗$\Sigma R=r+R_L=0.2+10.0=10.2\Omega$，電池の起電力$E=5.0\text{V}$より，回路を流れる電流$I=E\ /\ \Sigma R=5.0\ /\ 10.2\fallingdotseq 0.49\text{A}$，電池の端子電圧$V=E-Ir=5.0-0.49\times 0.2\fallingdotseq 4.9\text{V}$

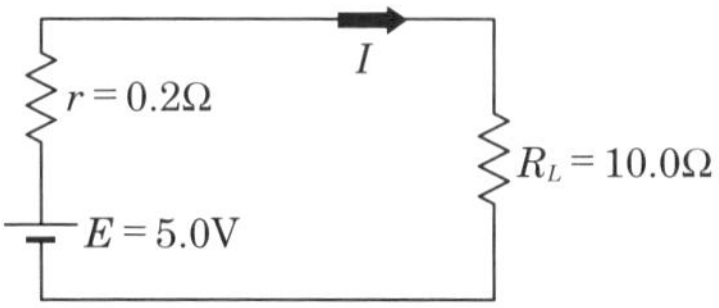

答 $I=0.49\text{A}$，$V=4.9\text{V}$

例題 1.20 起電力5.0V，内部抵抗0.2Ωの電池4個を図のように直列に接続し，10.0Ωの負荷抵抗を接続した．次の問に答えよ．

(1) 回路を流れる電流Iは何〔A〕か．

(2) 図のV_1は何〔V〕か．

(3) 図のV_{RL}は何〔V〕か．

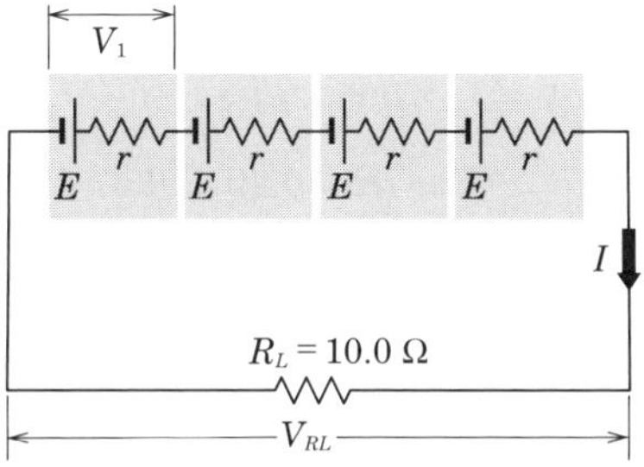

解 (1) 4個の電池の直列接続である．起電力の総和$\Sigma V=nE$，回路の合成抵抗$\Sigma R=nr+R_L$をオームの法則に当てはめ，$I=nE\ /\ (nr+R_L)=4E\ /\ (4r+R_L)$で求める．

$$I=\frac{nE}{nr+R_L}=\frac{4E}{4r+R_L}=\frac{4\times 5.0}{4\times 0.2+10.0}\fallingdotseq 1.85\text{A}$$

(2) 起電力$E=5.0\text{V}$，内部抵抗$r=0.2\Omega$，電池から流れ出る電流I〔A〕を，電池の端子電圧$V=E-Ir$に代入する．

$$V_1=E-Ir=5.0-1.85\times 0.2=4.63\text{V}$$

(3) オームの法則より，$V_{RL}=IR_L$

$$V_{RL}=1.85\times10.0=18.5\text{V}$$

答 (1) 1.85A (2) 4.63V (3) 18.5V

例題 1.21 起電力5.0V，内部抵抗0.8Ωの電池4個を図のように並列に接続し，10.0Ωの負荷抵抗を接続した．次の問に答えよ．

(1) 回路を流れる電流Iはいくらか．

(2) 図のV_{RL}はいくらか．

(3) 図のI_1はいくらか．

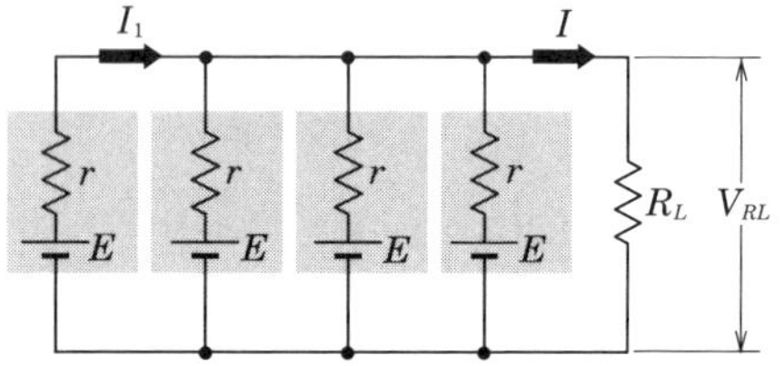

解 (1) 4個の電池の並列接続である．起電力の総和$\Sigma V=E$，回路の合成抵抗$\Sigma R=r/n+R_L$をオームの法則に当てはめ，$I=E/(r/n+R_L)$で求める．

$$I=\frac{E}{\dfrac{r}{n}+R_L}=\frac{5.0}{\dfrac{0.8}{4}+10.0}\fallingdotseq0.49\text{A}$$

(2) オームの法則$V=IR$より，$V_{RL}=IR_L$

$$V_{RL}=IR_L=0.49\times10.0=4.9\text{V}$$

(3) 内部抵抗rによる電池の電圧降下は$E-V_{RL}$なのでオームの法則より$I_1=(E-V_{RL})/r$

$$I_1=\frac{E-V_{RL}}{r}=\frac{5.0-4.9}{0.8}\fallingdotseq0.13\text{ A}$$

答 (1) 0.49A (2) 4.9V (3) 0.13 A

例題 1.22 容量が20Ahの電池から，5Aの電流を何時間連続して取り出すことができるか．

解 電池の容量W=取り出す電流$I\times$時間Hの式より$H=W/I$

$$H=\frac{W}{I}=\frac{20}{5}=4\text{h}\,(\text{時間})$$

答 4h

練習問題

1.29 次の説明文の（①）〜（③）に適当な語句や式を記入せよ．

電池自身のもつ抵抗を電池の（①）といい，この値をr〔Ω〕とし，電池から流れ出る電流をI〔A〕としたとき，（②）〔V〕の電圧降下を生ずる．したがって，起電力E〔V〕の電池の端子電圧は（③）〔V〕となる．

1.30 次の説明文の（①）〜（③）に適当な語句や式を記入せよ．

I〔A〕の電流をH〔h（時間）〕連続して流すことができる電池の容量Wは$W=$（①）〔Ah〕で示される．電池を使い切ってしまった状態では，容量Wは（②）〔Ah〕となる．また，充電が可能な蓄電池（二次電池）の場合，I〔A〕の電流でH時間充電したときの充電量（増加する蓄電池の容量）は$W=$（③）〔Ah〕で示される（ただし，最大充電量に達するまでとする）．

1.31 起電力9.0Vの電池に2.0Ωの負荷抵抗を接続したとき，次の問に答えよ．

(1) この電池の内部抵抗を1.0Ωとした場合，流れる電流Iと電池の端子電圧Vを求めよ．

(2) 電池の内部抵抗を無視した場合は，上記I，Vはいくらになるか．

1.32 起電力1.5V，内部抵抗0.2Ωの8個の電池を用いて4.0Ωの負荷を駆動する．回路を流れる電流Iおよび負荷にかかる電圧V_{RL}はいくらになるか．

(1) 電池をすべて直列に接続した場合について答えよ．

(2) 電池をすべて並列に接続した場合について答えよ．

1.33 起電力2.5V，内部抵抗0.1Ωの電池を何個か直列につなぎ，端子に0.9Ωの外部抵抗をつないだところ10A流れたという．直列にした電池の数を求めよ．

1.34 起電力1.5Vの電池に8.0Ωの豆電球を接続した．このとき電池の端子電圧を測定したら1.45Vであった．この電池の内部抵抗を求めよ．

1.35 容量が120Ahの電池から5Aの電流を何時間連続して取り出すことができるか．

第1章　章末問題

1．次に示す式の（①）～（⑤）に適当な数字を入れよ．

765mV=（①）〔V〕　　1530V=（②）〔kV〕　　72mA =（③）〔A〕

6.45A =（④）〔mA〕　1260kΩ=（⑤）〔MΩ〕

2．40Ωの抵抗に50mAの電流を流すには何〔V〕の電圧を加えたらよいか．

3．図の回路で，$E=12\,\mathrm{V}$，$R_1=10\,\Omega$，$R_2=5\Omega$のとき，次の問に答えよ．

(1) ⓐ-ⓑ間の合成抵抗を求めよ

(2) 回路を流れる電流Iを求めよ．

(3) V_1，V_2をそれぞれ求めよ．

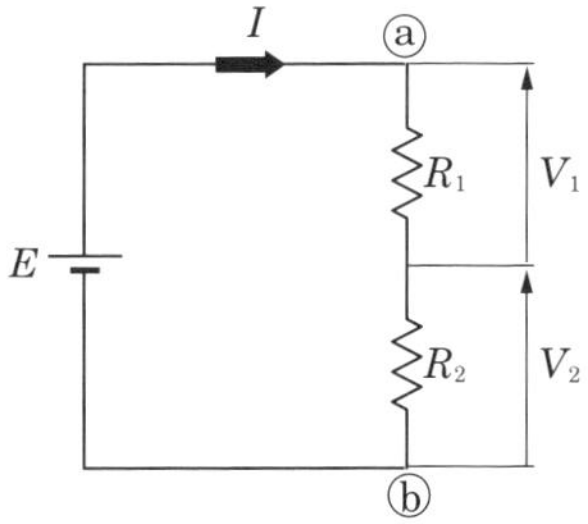

図 1・10

4．図の回路で$E=5\mathrm{V}$，$R_1=4\mathrm{k}\Omega$，$R_2=2\mathrm{k}\Omega$のとき，次の問に答えよ．

(1) ⓐ-ⓑ間の合成抵抗を求めよ．

(2) 電流Iを求めよ．

(3) 各抵抗を流れる電流I_1，I_2を求めよ．

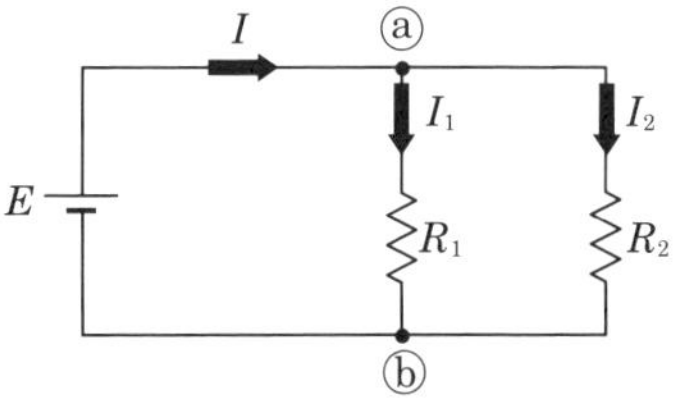

図 1・11

5．最大目盛が20Vの電圧計を用いて，最大100Vの電圧を測定するには何〔Ω〕の倍率器が必要か．ただし，この電圧計の内部抵抗は10kΩとする．

6．直径4mm，長さ500mの鋼線の抵抗は何〔Ω〕か．ただし鋼線の抵抗率を$1.72\times10^{-8}\,\Omega\cdot\mathrm{m}$として計算せよ．

7．起電力1.5V，内部抵抗0.5Ωの電池を直列に複数個つなぎ，端子に2.0Ωの外部抵抗をつないだところ1.0A流れたという．直列にした電池の数を求めよ．

第2章

直流回路の計算

直流回路の計算は，電圧（直流電圧），電流（直流電流），抵抗（負荷）の関係を明らかにすることである．ここでは第1章で学んだ「オームの法則」に加え，「キルヒホッフの法則」，「重ね合せの定理」，について解説する．また，直流回路で消費される「電力」や一定時間内の消費電力を表す「電力量」の計算法について解説する．これらは交流回路の計算にも適応できる重要な事項である．

キーワード　キルヒホッフの法則，重ね合せの定理，ブリッジ回路，平衡条件，電力，電力量，熱量

2.1 キルヒホッフの法則

(a) 第1法則（電流に関する法則）

回路中（図2･1）の任意の接続点において，「流入する電流の和」と「流出する電流の和」は等しい．

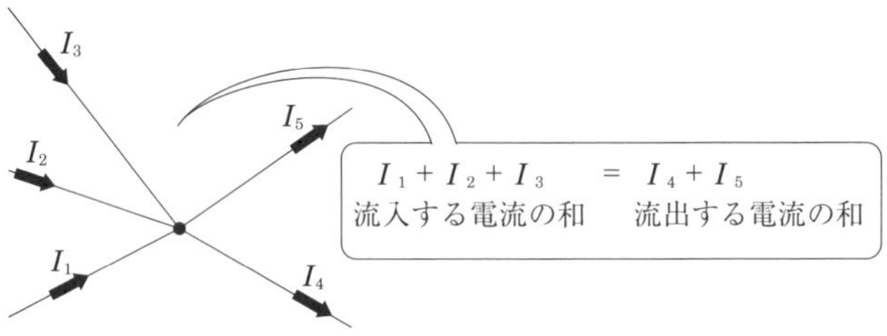

図 2･1

(b) 第2法則（電圧に関する法則）

任意の閉回路において，「電源電圧の和」と「各抵抗による電圧降下の和」は等しい．

図2･2の閉回路について，閉回路を流れる電流を①の向きに仮定すると，E_2 と I_2R_2 は，①に逆う方向に起電力を生ずるため，付号がマイナスとなる．

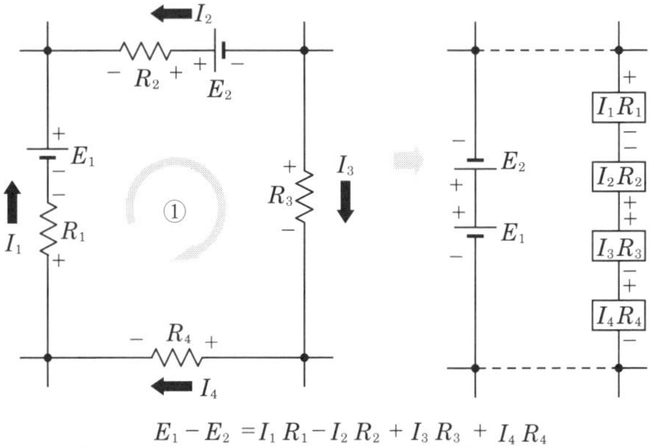

$$E_1 - E_2 = I_1 R_1 - I_2 R_2 + I_3 R_3 + I_4 R_4$$

（電源電圧の和）　（電圧降下の和）

図 2･2

例題 2.1

図の回路について次の問に答えよ．ただし，回路中を流れる電流I_1～I_3は➡の向きに流れると仮定する．

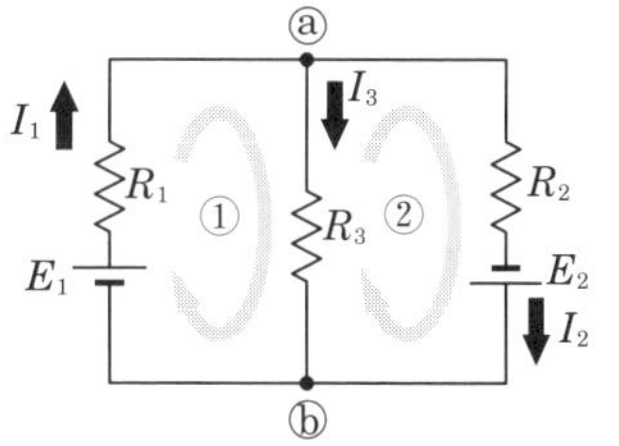

(1) 接続点ⓐ，ⓑについて，キルヒホッフの第1法則（電流に関する法則）による式をたてよ．

(2) 閉回路①，②に流れる電流の向きを図のように仮定したとき，キルヒホッフの第2法則（電圧に関する法則）による式をたてよ．

解 (1) ⓐ点：「流入する電流I_1」と「流出する電流I_2，I_3の和」は等しい．

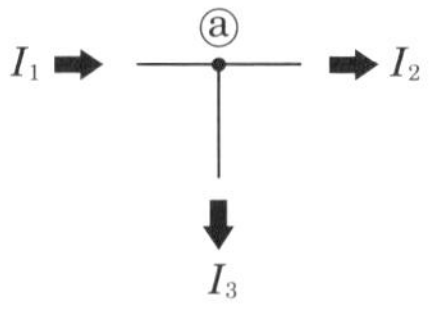

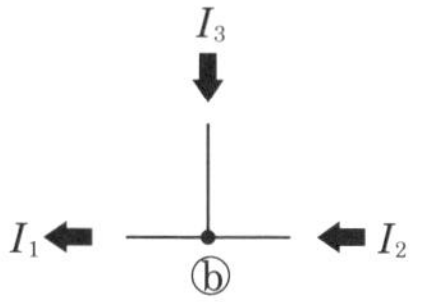

$$\therefore \quad I_1 = I_2 + I_3$$

ⓑ点：「流入する電流I_2，I_3の和」と「流出する電流I_1」は等しい．

$$\therefore \quad I_2 + I_3 = I_1$$

(2) 閉回路について，電源電圧の和＝電圧降下の和である．

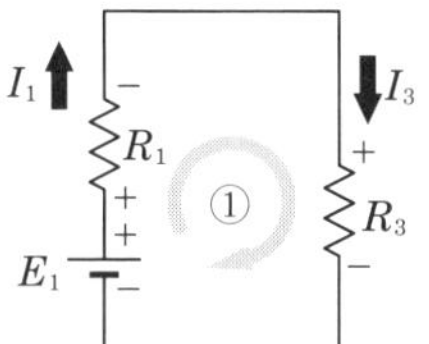

閉回路①

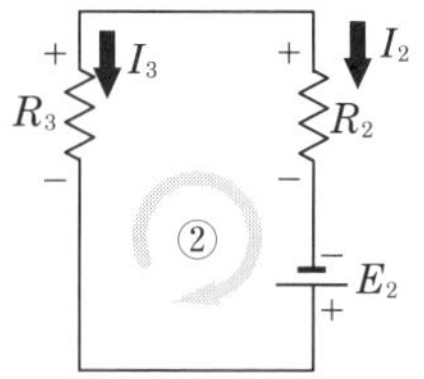

閉回路②

閉回路①：電源電圧はE_1，電圧降下はI_1R_1（①と同じ向き），I_3R_3（①と同じ向き）

$$\therefore \quad E_1 = I_1R_1 + I_3R_3$$

閉回路②：電源電圧はE_2，電圧降下はI_2R_2（②と同じ向き），I_3R_3（②と逆向き）

$$\therefore \quad E_2 = I_2R_2 - I_3R_3$$

答 (1) $I_1 = I_2 + I_3$，$I_2 + I_3 = I_1$　(2) $E_1 = I_1R_1 + I_3R_3$，$E_2 = I_2R_2 - I_3R_3$

例題 2.2 図の回路を流れる電流I_1，I_2，I_3，をキルヒホッフの法則を用いて求めよ．

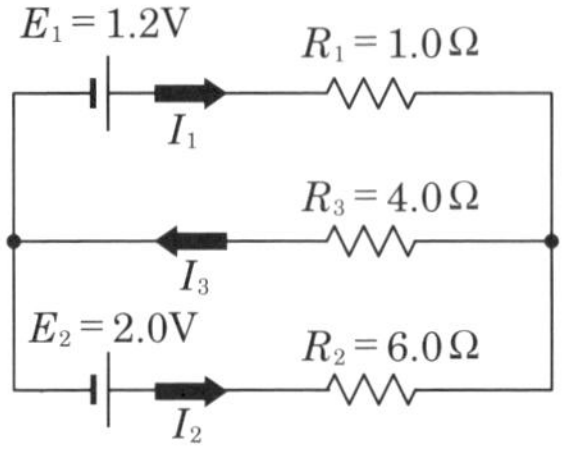

解 まず電源E_1と電源E_2に注目し，閉回路①，②の電流の向きを仮定する．

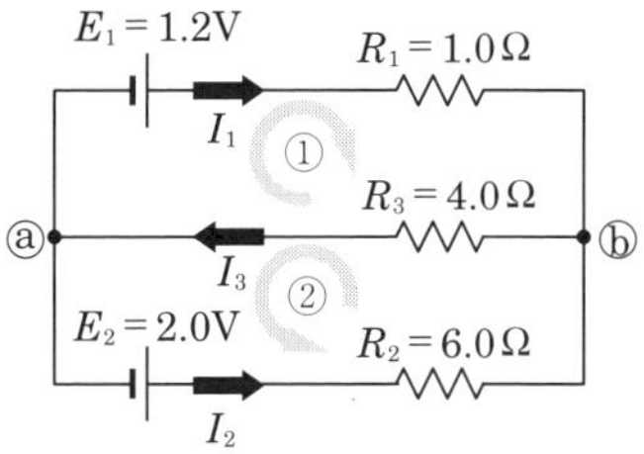

次に接続点ⓐ，ⓑに対してキルヒホッフの第1法則を適用し，電流の式をたてる．

接続点ⓐ：$I_3 = I_1 + I_2$

接続点ⓑ：$I_1 + I_2 = I_3$

いずれも同じ式であることより，キルヒホッフの第1法則を用いて得られる式は以下となる．

$I_3 = I_1 + I_2$ （式1）

次にキルヒホッフの第2法則を閉回路①，②に適用し，電圧の式をたてる．

閉回路①：$E_1 = I_1R_1 + I_3R_3$ （式2）

閉回路②：$E_2 = I_2R_2 + I_3R_3$ （式3）

最後に（式1）～（式3）に各抵抗，各電源の値（$E_1 = 1.2\text{V}$，$E_2 = 2.0\text{V}$，$R_1 = 1.0\Omega$，$R_2 = 6.0\Omega$，$R_3 = 4.0\Omega$）を代入し，連立方程式を解き，I_1～I_3の値を求める．

答 $I_1 = 0.12\text{A}$，$I_2 = 0.15\text{A}$，$I_3 = 0.27\text{A}$

練習問題

2.1 次の文の（①）～（⑦）に適当な語句や数を入れよ．

回路網の任意の1点における電流の（①）は（②）である．その点に流入する電流を（③）とすれば，（④）する電流を負とする．

回路網の任意の（⑤）について各抵抗による電圧降下の（⑥）は，その閉回路中の（⑦）の和に等しい．

2.2 図の回路を流れる電流I_1，I_2，I_3をそれぞれ求めよ．

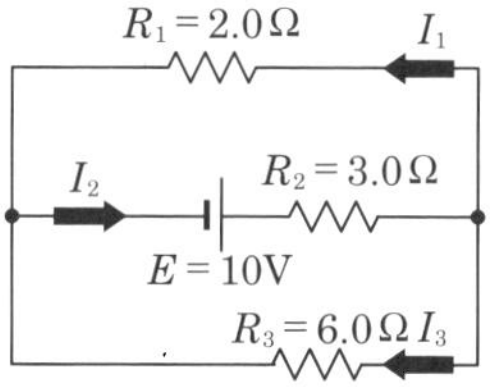

2.3 図の回路で$E_1=7.6$V，$E_2=11.4$V，$R_1=4\Omega$，$R_2=9\Omega$，$R_3=6\Omega$の場合，回路を流れる電流I_1，I_2，I_3をそれぞれ求めよ．

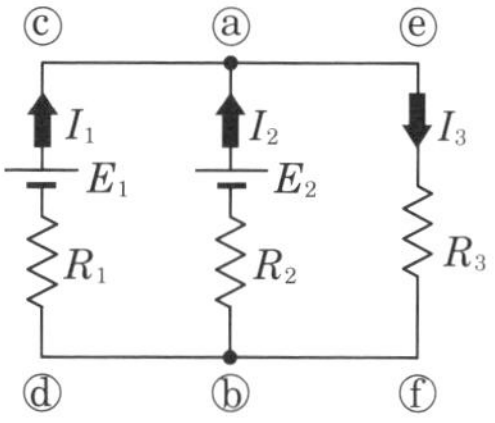

2.4 図の回路を流れる電流I_1，I_2，I_3を求めよ．

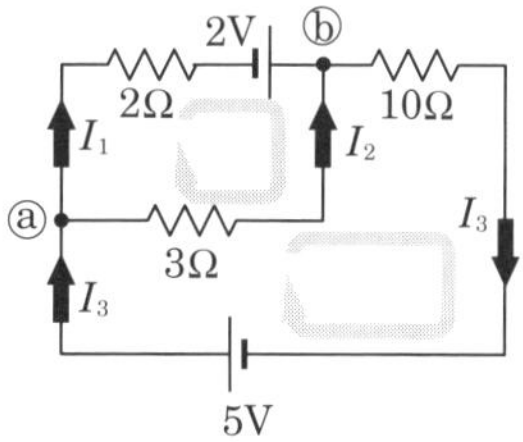

2.5 図の回路を流れる電流I_1，I_2，I_3を求めよ.ただし，$R_1=10\Omega$，$R_2=2\Omega$，$R_3=5\Omega$，$E_1=6$V，$E_2=4$V，$E_3=2$Vである．

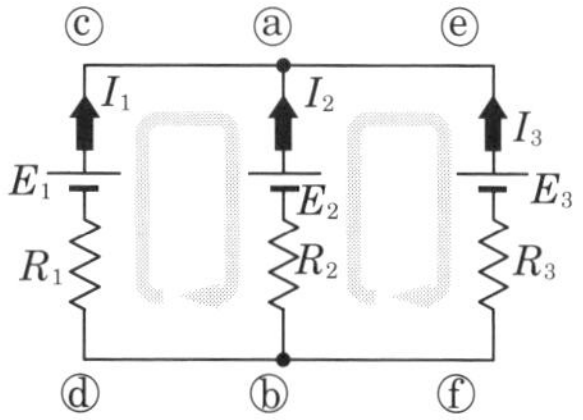

2.2 重ね合せの定理

(a) 重ね合せの定理

複数の電源を用いた回路に流れる電流は，それぞれの電源が単独である場合に流れる電流の和である．

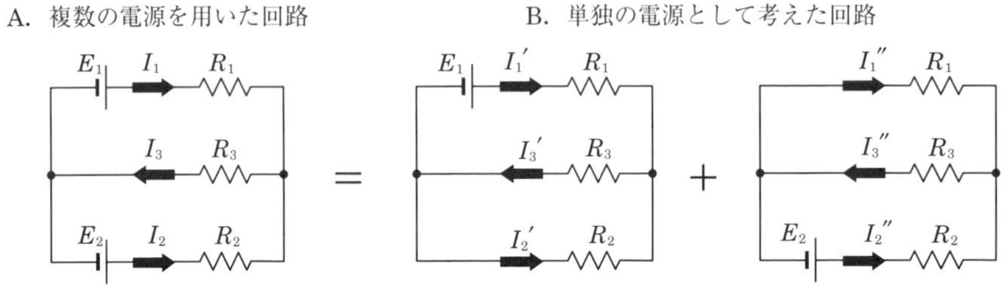

$$I_1 = I_1' + I_1''$$
$$I_2 = I_2' + I_2''$$
$$I_3 = I_3' + I_3''$$

図 2·3

(b) 回路を解く手順

① 回路網に含まれる電源ごとに，回路を分解する（注目する電源以外はショートしていると考える）．

② 分解した回路ごとの電流を求める（図のI_1'，I_1''など）．

③ ②で求めた電流を重ね合せて（和を求め），回路に流れる電流を求める．

$$I_1 = I_1' + I_1''$$

$$I_2 = I_2' + I_2''$$

$$I_3 = I_3' + I_3''$$

ポイント：図のように，求める電流（I_1，I_2，I_3）を基準とし，I_1とI_1'とI_1''，I_2とI_2'とI_2''，I_3とI_3'とI_3''の電流の向きを統一する．

例題 2.3 図の回路を流れる電流I_1, I_2, I_3を重ね合せの定理を用いて求めよ.

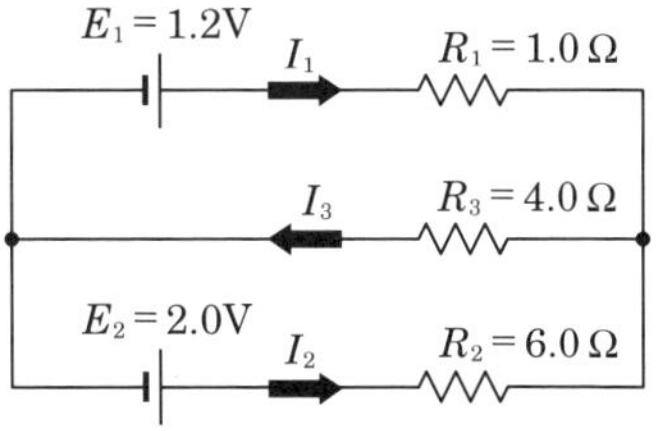

解 (1) 電源E_1のみに注目した回路におけるI_1', I_2', I_3'を求める.

$$I_1' = \frac{E_1}{R_1 + \dfrac{R_2 R_3}{R_2 + R_3}} = \frac{1.2}{1 + \dfrac{6.0 \times 4.0}{6.0 + 4.0}} \fallingdotseq 0.35\text{A}$$

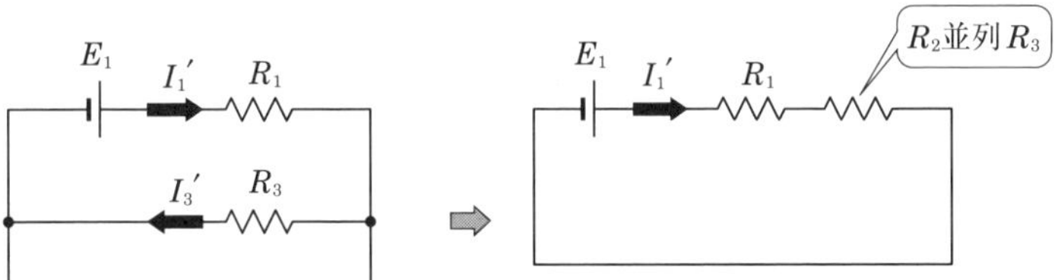

$$I_1' = \frac{E_1}{R_1 + \dfrac{R_2 \cdot R_3}{R_2 + R_3}}$$

I_1'より分流したI_2', I_3'を求める.

$$I_2' = -\frac{R_3}{R_2 + R_3} I_1' = -\frac{4.0}{6.0 + 4.0} \times 0.35 = -0.14\text{A}$$

$$I_3' = \frac{R_2}{R_2 + R_3} I_1' = \frac{6.0}{6.0 + 4.0} \times 0.35 = 0.21\text{A}$$

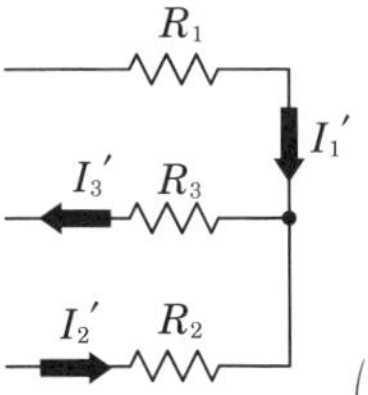

$$I_2' = -\frac{R_3}{R_2 + R_3} I_1'$$

$$I_3' = \frac{R_2}{R_2 + R_3} I_1'$$

(I_2'は, 電流の向きが仮定した方向と逆になるので符号は−となる)

(2) (1) と同様にして, 電源E_2のみに注目した回路におけるI_1'', I_2'', I_3''を求める.

$$I_2'' = \frac{E_2}{R_2 + \dfrac{R_1 R_3}{R_1 + R_3}} = \frac{2.0}{6.0 + \dfrac{1.0 \times 4.0}{1.0 + 4.0}} \fallingdotseq 0.29\text{A}$$

$$I_1'' = -\frac{R_3}{R_1 + R_3} I_2'' = -\frac{4.0}{1.0 + 4.0} I_2'' \fallingdotseq -0.23\text{A}$$

$$I_3'' = \frac{R_1}{R_1 + R_3} I_2'' = \frac{1.0}{1.0 + 4.0} I_2'' \fallingdotseq 0.06\text{A}$$

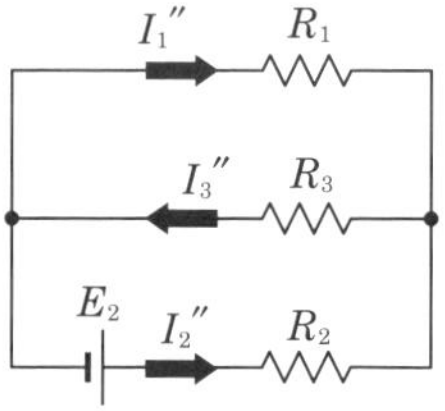

$$I_2'' = \frac{E_2}{R_2 + \dfrac{R_1 \cdot R_3}{R_1 + R_3}}$$

$$I_1'' = -\frac{R_3}{R_1 + R_3} I_2''$$

$$I_3'' = \frac{R_1}{R_1 + R_3} I_2''$$

(3) (1)，(2) で求めた電流を重ね合せ，I_1，I_2，I_3 を求める．

$$I_1 = I_1' + I_1'' = 0.35 - 0.23 = 0.12\text{A}$$

$$I_2 = I_2' + I_2'' = -0.14 + 0.29 = 0.15\text{A}$$

$$I_3 = I_3' + I_3'' = 0.21 + 0.06 = 0.27\text{A}$$

注意）この例題は，例題2.2と同じ問題である．

答　$I_1 = 0.12\text{A}$，$I_2 = 0.15\text{A}$，$I_3 = 0.27\text{A}$

例題 2.4

重ね合せの定理を用いて図 (a) の I_1，I_2，I_3 を求めるため，各電源が単独になった場合の回路にかき直した（同図 (b)～(d)）．

I_1'，I_2''，I_3''' を式で表せ．

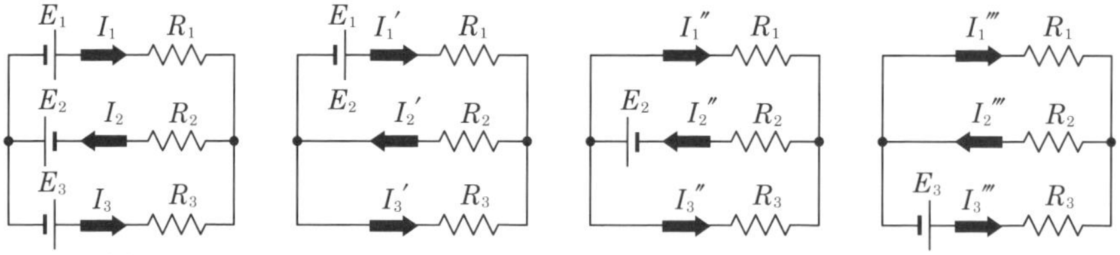

(a)　(b)　(c)　(d)

答　$I_1' = \dfrac{E_1}{R_1 + \dfrac{R_2 R_3}{R_2 + R_3}}$，$I_2'' = \dfrac{E_2}{R_2 + \dfrac{R_1 R_3}{R_1 + R_3}}$，$I_3''' = \dfrac{E_3}{R_3 + \dfrac{R_1 R_2}{R_1 + R_2}}$

練習問題

2.6 次の説明の（①）～（④）に適切な数値および式を記入せよ．

図 (a) の回路を流れる電流Iを，重ね合せの定理を用いて，図 (b) のI_1と図 (c) のI_2の重ね合わせ$I=$（①）として求める．電源E_1のみに注目した場合の電流値I_1は，（②）Aであり，電源E_2のみに注目した場合の電流値I_2は（③）Aである．いま，$E_1=5\text{V}$，$E_2=3\text{V}$，$R_1=2\Omega$，$R_2=3\Omega$とした場合，回路を流れる電流Iは（④）Aとなる．

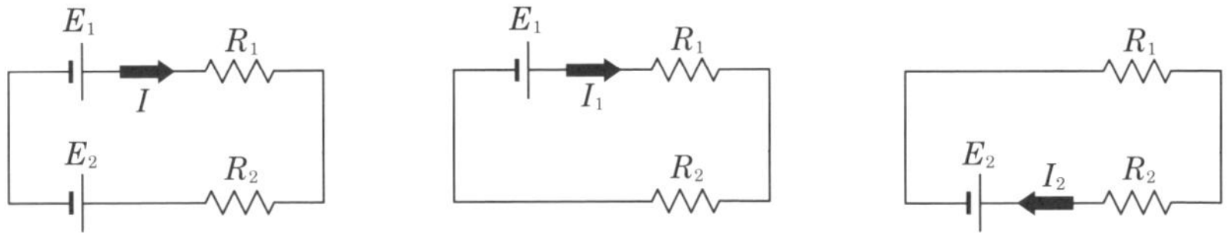

(a)　(b)　(c)

2.7 電流の方向に注意し，図の回路を流れる電流I_1，I_2，I_3をそれぞれ求めよ．

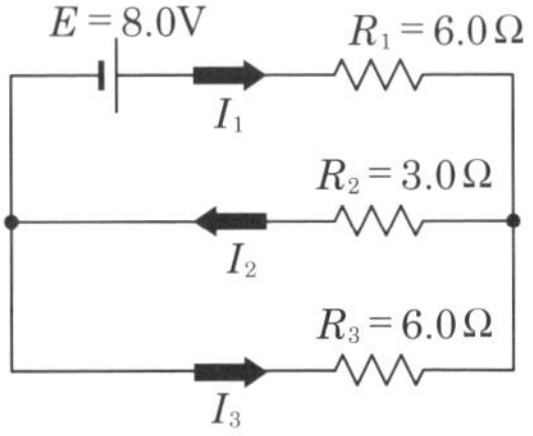

2.8 重ね合せの定理を用いて図の回路を流れる電流I_1，I_2，I_3を求めよ．

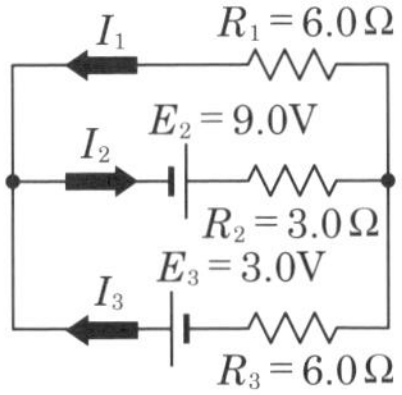

2.9 重ね合せの定理を用いて図の回路を流れる電流I_1，I_2，I_3を求めよ．

(1) $E_1=3\text{V}$，$E_2=6.2\text{V}$，$E_3=3\text{V}$，$R_1=4\Omega$，$R_2=2\Omega$，$R_3=4\Omega$の場合について求めよ．

(2) $E_1=E_2=E_3=4\text{V}$，$R_1=R_2=R_3=2\Omega$の場合について求めよ．

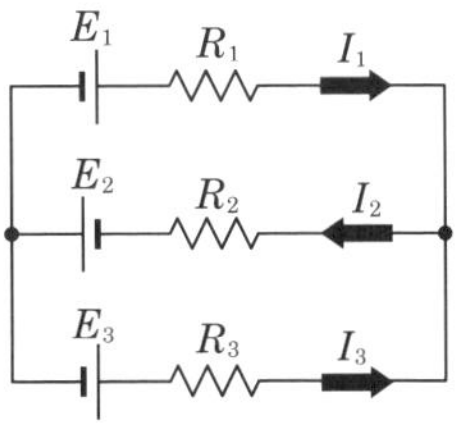

2.3 ブリッジ回路

(a) ブリッジの平衡状態

図2.4に示すように，R_1とR_4の直列回路の接続点ⓐからR_2とR_3の直列回路の接続点ⓑまでを，橋渡しするように検流計（図のG）や抵抗が接続される回路を**ブリッジ回路**と呼ぶ（検流計とは微弱な電流を検出する計器である）．ブリッジ回路で向かい合う辺の抵抗の積R_1R_3とR_2R_4が等しい場合，このブリッジは**平衡状態**にあるといい，以下の特性を示す．

① 点ⓐと点ⓑの電位は等しくなる．

② すなわち検流計Gに電流が流れない．

“$R_1R_3 = R_2R_4$” を**ブリッジの平衡条件**という．

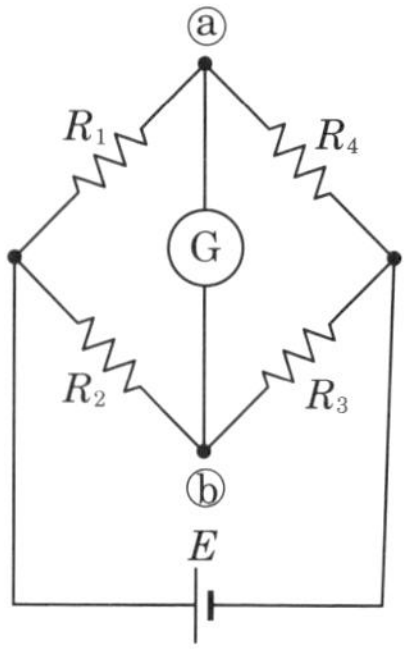

図 2・4

(b) ブリッジを用いた抵抗の測定

ブリッジの平衡条件を利用して，未知抵抗を測定する．

① $I_s = 0$（検流計Gの針が0）になるように可変抵抗R_sを調整し，ブリッジを平衡状態とする．

② ブリッジの平衡条件$R_1R_x = R_2R_s$より，未知抵抗は$R_x = R_2R_s / R_1$として求まる．

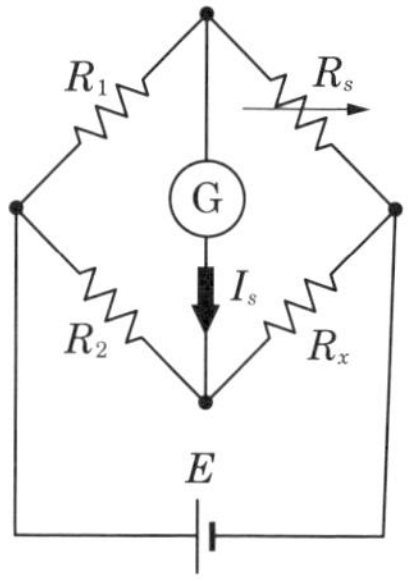

図 2・5

例題 2.5　図のブリッジ回路について，次の問に答えよ．

(1) ブリッジが平衡状態であるとき，R_1，R_2，R_3，R_4の間に成立する関係を示せ．

(2) $R_1 = 4\text{k}\Omega$，$R_2 = 8\text{k}\Omega$，$R_3 = 200\Omega$のとき，ブリッジを平衡状態にするにはR_4を何Ωにしたらよいか．

(3) $R_1 = 4\text{k}\Omega$，$R_2 = 8\text{k}\Omega$，$R_3 = 300\Omega$，$R_4 = 200\Omega$のとき，検流計Gに流れる電流I_sの向きを示せ．

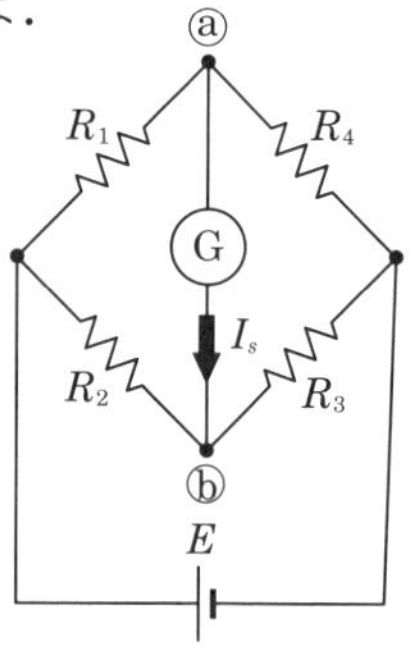

解 (1) ブリッジが平衡状態なので，ブリッジの向かい合う辺の抵抗の積は等しい．

$$\therefore \quad R_1R_3 = R_2R_4$$

(2) ブリッジの平衡条件 $R_1R_3 = R_2R_4$ より，$R_4 = R_1R_3 / R_2$ で求まる．

$$R_4 = \frac{R_1R_3}{R_2} = \frac{4\times10^3\times200}{8\times10^3} = 100\Omega$$

(3) 図のようにして，ⓐ点の電位とⓑ点の電位を求める．電位の高い方から低い方に向かって電流は流れる．

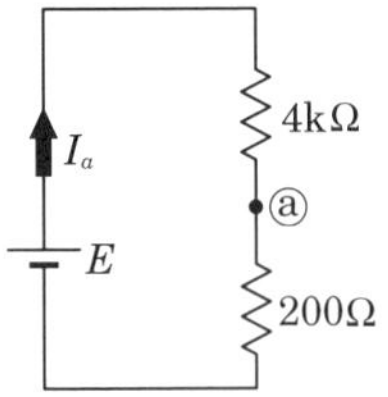

ⓐ点の電流：$I_a = \dfrac{E}{4000+200}$

ⓐ点の電位：$V_a = I_a\times200 = \dfrac{200}{4000+200}E \fallingdotseq 0.048\,E$〔V〕

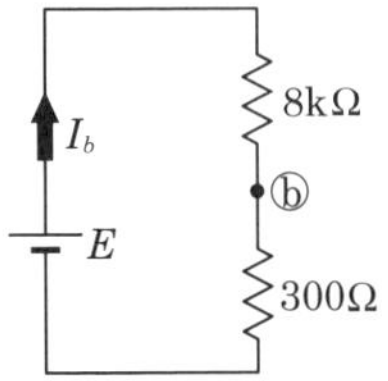

ⓑ点の電流：$I_b = \dfrac{E}{8000+300}$

ⓑ点の電位：$V_b = I_b\times300 = \dfrac{300}{8000+300}E \fallingdotseq 0.036\,E$〔V〕

答 (1) $R_1R_3 = R_2R_4$ (2) $R_4 = 100\Omega$ (3) 図のⓐからⓑの方向に流れる．

例題 2.6 図のブリッジ回路で，$R_1 = 40\Omega$，$R_2 = 20\Omega$，$R_3 = 30\Omega$，$R_4 = 60\Omega$，$E = 12\mathrm{V}$ のとき，次の問に答えよ．

(1) スイッチSWを開いているとき，ⓐ-ⓒ間の合成抵抗と回路を流れる電流 I_1，I_2，I_3，I_4 および I を求めよ．

(2) SWを閉じているとき，ⓐ-ⓒ間の合成抵抗，電流 I_1，I_2，I_3，I_4，I を求めよ．

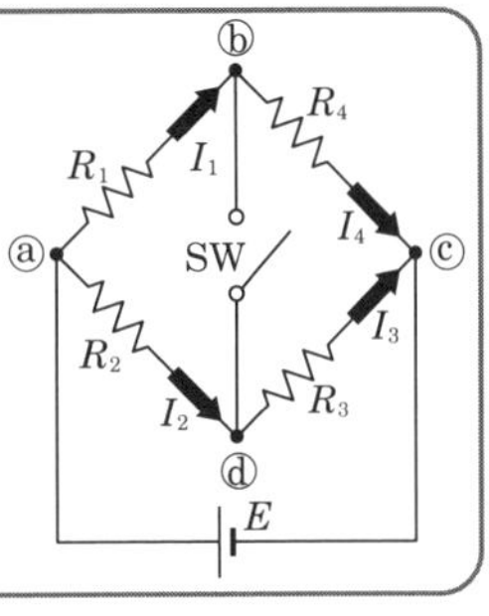

解 (1) スイッチSWを開いているとき

ⓐ-ⓒ間の合成抵抗は，「R_1+R_4」と「R_2+R_3」の並列合成抵抗となる．電流 I は「ⓐ-ⓒ間の合成抵抗と電源電圧 E」，I_1 は「R_1 と R_4 の直列合成抵抗と電源電圧 E」，「I_2 は R_2 と R_3 の直列合成抵抗と電源電圧 E」よりそれぞれオームの法則によって求まる．また，I_4 は I_1 に，I_3 は I_2 に等しい．

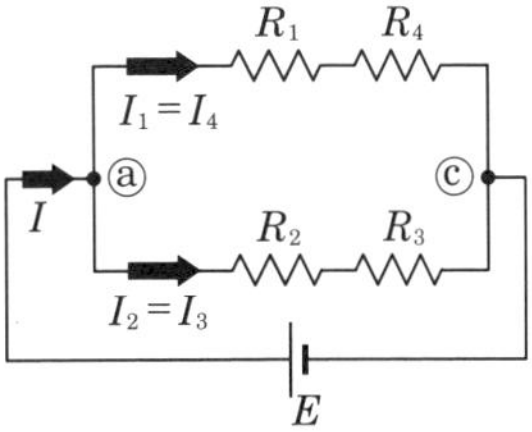

$$\frac{(R_1+R_4)(R_2+R_3)}{(R_1+R_4)+(R_2+R_3)}=\frac{(40+60)(20+30)}{(40+60)+(20+30)}\fallingdotseq 33.3\Omega$$

$$I=\frac{E}{33.3}=\frac{12}{33.3}\fallingdotseq 0.36\text{A}$$

$$I_1=I_4=\frac{E}{R_1+R_4}=\frac{12}{40+60}=0.12\text{A}$$

$$I_2=I_3=\frac{E}{R_2+R_3}=\frac{12}{20+30}=0.24\text{A}$$

(2) スイッチSWを閉じているとき

ⓐ-ⓒ間の合成抵抗は，「R_1とR_2の並列合成抵抗」+「R_3とR_4の並列合成抵抗」，電流Iは，「ⓐ-ⓒ間の合成抵抗と電源電圧E」よりオームの法則で求まる．I_1とI_2は電流Iを抵抗R_1，R_2で分流，I_3，I_4は電流IをR_3，R_4で分流する．すなわち

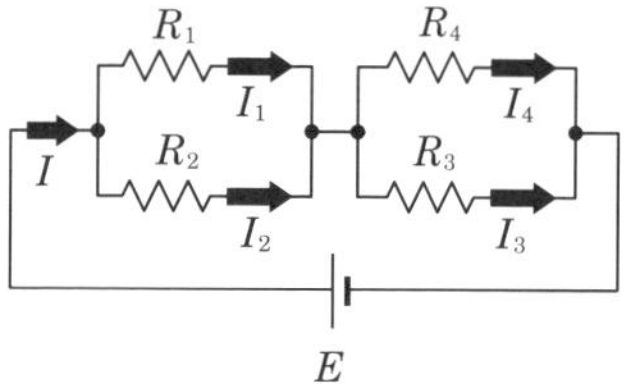

$$\frac{R_1R_2}{R_1+R_2}+\frac{R_3R_4}{R_3+R_4}=\frac{40\times 20}{40+20}+\frac{30\times 60}{30+60}\fallingdotseq 33.3\Omega$$

$$I=\frac{E}{33.3}=\frac{12}{33.3}\fallingdotseq 0.36\text{A}$$

$$I_1=\frac{R_2}{R_1+R_2}I=\frac{20}{40+20}\times 0.36=0.12\text{A}$$

$$I_2=\frac{R_1}{R_1+R_2}I=0.24\text{A}$$

$$I_3=\frac{R_4}{R_3+R_4}I=0.24\text{A}$$

$$I_4=\frac{R_3}{R_3+R_4}I=0.12\text{A}$$

となる．

※　平衡状態のときは，スイッチの開/閉にかかわらず合成抵抗値，各電流値は同じになる．

答 (1) 合成抵抗 = 33.3Ω，$I=0.36$A，$I_1=I_4=0.12$A，$I_2=I_3=0.24$A

(2) 合成抵抗 = 33.3Ω，$I=0.36$A，$I_1=0.12$A，$I_2=0.24$A，$I_3=0.24$A，$I_4=0.12$A

練習問題

2.10 次の文は，ブリッジの平衡状態について説明したものである．図を参照にして（①）〜（③）の中に適する式を記入せよ．

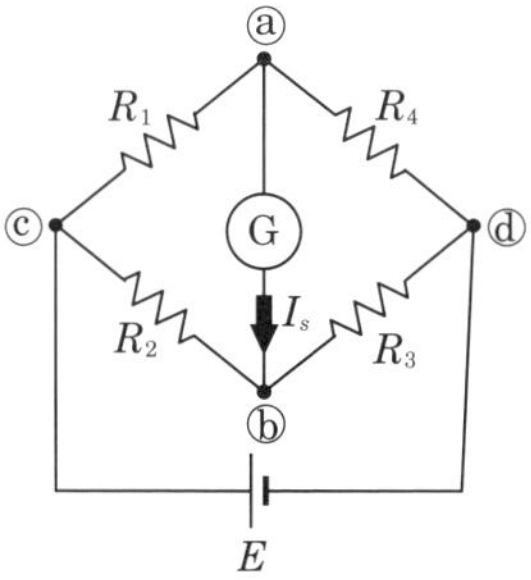

平衡条件$R_1R_3 = R_2R_4$が成立する場合，ⓐ-ⓑ間の電位差が0となり電流I_sは流れない．このことをⓓ点を基準（0V）とし，ⓐ点の電位とⓑ点の電位が等しくなることで証明する．R_1〜R_4，Eを用いると，ⓐ点の電位は（①）V，ⓑ点の電位は（②）Vとなる．$R_1 = R_2R_4 / R_3$と変形した平衡条件式を（①）の式のR_1に代入し，ⓐ点の電位を求めると（③）Vとなる．すなわち点ⓐと点ⓑの電位は等しいことが証明される．

2.11 図の回路について次の問に答えよ．ただし，ブリッジは平衡状態とする．

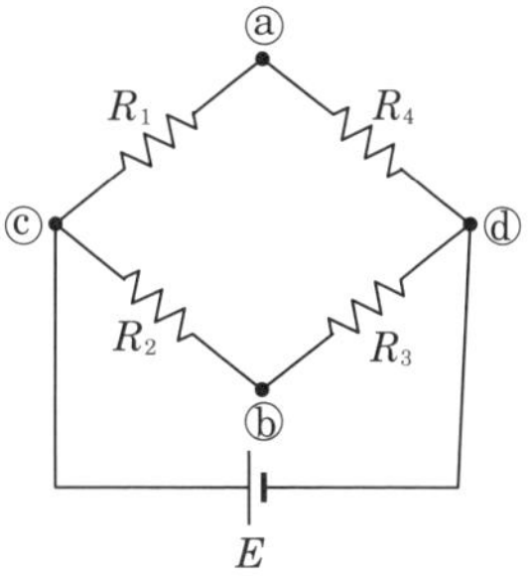

(1) ⓐ-ⓑ間の電位差は何〔V〕か．

(2) ⓒ-ⓐ間の電位差が5V，ⓐ-ⓓ間の電位差が8Vのとき，ⓒ-ⓑ間およびⓑ-ⓓ間の電位差は何〔V〕になるか．

2.12 図の回路について答えよ．

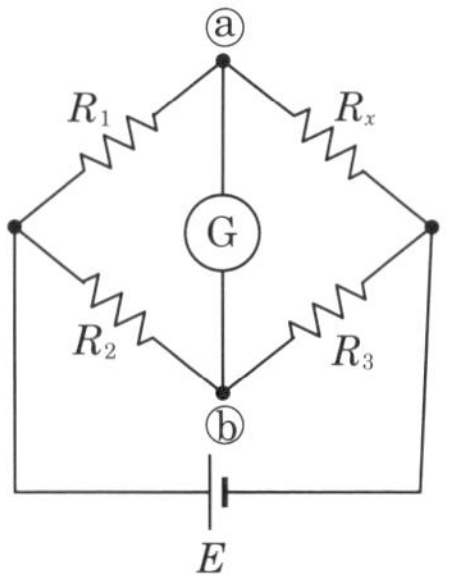

(1) $R_1 = 4\text{k}\Omega$，$R_2 = 3\text{k}\Omega$，$R_3 = 200\Omega$，$R_x = 150\Omega$，$E = 10\text{V}$のとき，検流計Gに流れる電流の大きさと向きを答えよ．

(2) $R_1 = 100\Omega$，$R_2 = 10\Omega$，$R_3 = 25\Omega$のとき，検流計の針は振れなかった．このときのR_xは何〔Ω〕か．

2.13 図のⓐ-ⓑ間の合成抵抗値を求めよ．

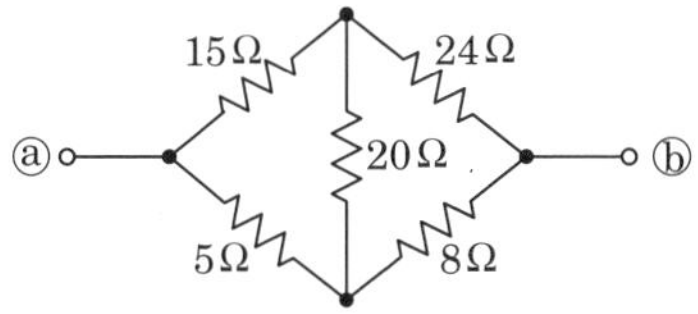

2.4 電力と電力量

電気回路において，抵抗成分に電流が流れるとき，電力が消費される．1秒当たりの消費電気エネルギーを**電力**P〔W〕，電力Pによってなされる仕事量を**電力量**P_t〔J〕，またはP_t〔W·s〕と呼ぶ．

電力量P_tと**熱量**H〔cal〕との間には，$H = 0.24P_t$の関係がある．

(a) 電力 P

1秒間あたりの電気エネルギーであり，R〔Ω〕の抵抗にV〔V〕の電圧を加えてI〔A〕の電流を流したときの電力P〔W〕

$$P = VI = RI^2 = \frac{V^2}{R} \quad \text{〔W〕}$$

(b) 電力量 P_t

ある時間内の電気エネルギーであり，P〔W〕の電力でt〔s〕間になされる仕事量P_t〔J〕

$$P_t = Pt \quad \text{〔J〕（または〔W·s〕）}$$

(c) 熱量 H

1gの水の温度を1℃上げるのに必要な熱量H〔cal〕

$$H = 0.24P_t \quad \text{〔cal〕}$$

例題 2.7　図の回路は，電力を使用して水温を上昇させるものである．表の空欄（①）～（⑮）に適当な値と単位を記入せよ．

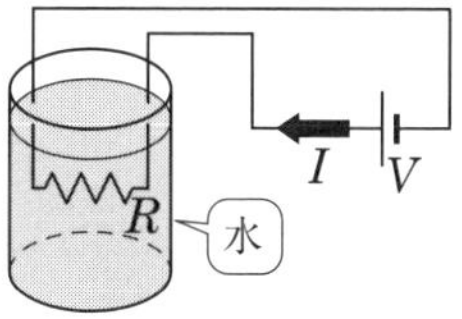

抵抗値 R	電圧 V	電流 I	時間 t	電力 P	電力量 P_t	熱量 H	水量 S	水温上昇 ΔT
50Ω	①	2A	30分	②	③	④	1ℓ	⑤
6Ω	⑥	5A	⑦	⑧	⑨	⑩	40ℓ	70℃
5Ω	12V	⑪	20分	⑫	⑬	⑭	⑮	50℃

解　(1) ①～⑤について

① $V = IR = 2 \times 50 = 100\text{V}$

② $P = VI = 100 \times 2 = 200\text{W}$

③ $P_t = Pt = 200 \times 30 \times 60 = 360\,000\text{W·s}$（ワット・秒）$= 100\text{W·h}$（ワット・時）

④ $H = 0.24P_t = 0.24 \times 360\,000\text{cal} = 86\,400\text{cal} = 86.4\text{kcal}$

⑤ 水1ℓ＝1000gなので，$86\,400 / 1\,000 = 86.4$℃

(2) ⑥～⑩について

⑥ $V = IR = 5 \times 6 = 30\text{V}$

⑧ $P = VI = 30 \times 5 = 150\text{W}$

⑩ 水40ℓ＝40000gなので，この水を70℃上昇させるのに必要な熱量は

$$H = 40\,000 \times 70 = 2\,800\,000\text{cal} = 2\,800\text{kcal}$$

⑨ $H = 0.24P_t$ より $P_t = H / 0.24 = 2\,800\,000 / 0.24 \fallingdotseq 11\,666\,666.7\text{W·s} = 3.24\text{kW·h}$

⑦ $P_t = Pt$ より，$t = P_t / P = 11\,666\,666.7 / 150 = 77\,777.8\text{s} \fallingdotseq 21.6$時間

(3) ⑪～⑮について

⑪ $I = \dfrac{V}{R} = \dfrac{12}{5} = 2.4\text{ A}$

⑫ $P = VI = 12 \times 2.4 = 28.8\text{W}$

⑬ $P_t = Pt = 28.8 \times 20 \times 60 = 34\,560\text{W·s} = 9.6\text{W·h}$

⑭ $H = 0.24P_t = 0.24 \times 34\,560 \fallingdotseq 8.29\text{kcal}$

⑮ $H = S \cdot \Delta T$ より $S = H / \Delta T = 8\,294.4 / 50 \fallingdotseq 166\text{g} \fallingdotseq 0.17l$

答　① 100V　② 200W　③ 100W·h　④ 86.4kcal　⑤ 86.4℃　⑥ 30V
⑦ 21.6時間　⑧ 150W　⑨ 3.24kW·h　⑩ 2 800kcal　⑪ 2.4A
⑫ 28.8W　⑬ 9.6W·h　⑭ 8.29kcal　⑮ 0.17l

例題 2.8　図の回路の負荷に5Vの電圧を加えたら2Aの電流が流れた．この負荷の消費電力は何〔W〕か．

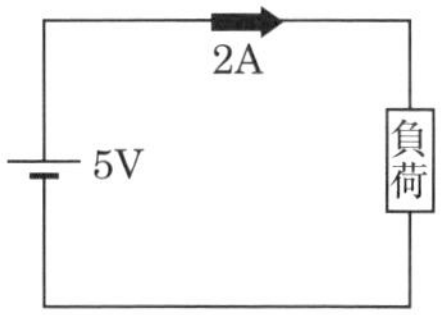

解　$P = VI = 5 \times 2 = 10\text{W}$

答　10W

例題 2.9　図の回路のスイッチを20分間ON状態としたときの電力量は何〔J〕か，また何〔W·h〕か．

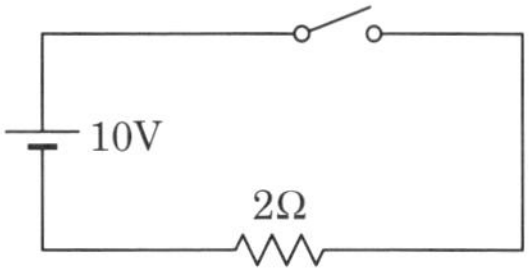

解　電力量P_t〔J〕は電力P〔W〕と時間t〔s〕の積であるので，まず電力Pを求める．回路を流れる電流Iは，$I = V/R = 10/2 = 5\text{A}$，時間$t = 20 \times 60 = 1\,200\text{s}$，$V = 10\text{V}$．

これらの値を$P_t = Pt = VIt$に代入して求める．単位〔J〕は単位〔W·s〕と同じであり，3 600で割り，単位を〔W·s〕から〔W·h〕に直す．

よって電力量$P_t = Pt = VIt = 10 \times 5 \times 1\,200 = 60\,000\text{J}$

$$60\,000\text{J} = 60\,000\text{W·s} = 60\,000 / 3\,600 \fallingdotseq 16.7\text{W·h}$$

答　16.7W·h

練習問題

2.14 次の文の（①）～（⑥）に適する語句または式を記入せよ．

単位時間当たりの（①）を電力Pと呼び，単位は（②）を用いる．R〔Ω〕の抵抗にI〔A〕の電流が流れたときの電力は，$P=$（③）〔(②)〕で表される．

P〔(②)〕の電力をt〔s〕の間使用したときの電力量P_tは$P_t=$（④）〔W·s〕で表される．また，実用的な単位として，1Wの電力を1時間使用したときの電力量〔W·h〕が用いられる．

電力量と熱量の関係は，1W·s＝（⑤）J＝（⑥）calで示される．

2.15 100Vを加えたとき，50Wの電力を消費するハンダごてがある．このハンダごての抵抗は何〔Ω〕か．

また，このハンダごてを50Vで使用した場合の消費電力は何〔W〕か．

2.16 50Ωの抵抗をもつ電熱器に，100Vを10時間加えたときの電力量は何〔kW·h〕か．また，この電力量により水100ℓの水温を何度上昇できるか．

2.17 抵抗器に流すことのできる最大電流をその抵抗器の許容電流といい，許容電力P〔W〕を消費しているときの電流値に等しい．このことを考慮して次の問に答えよ．

(1) 許容電流10mAで200Ωの抵抗器の許容電力はいくらか．

(2) 許容電力2Wで50Ωの抵抗器の許容電流はいくらか．

2.18 図の回路において，スイッチを10分間ON状態とした．抵抗R_1，R_2，R_3それぞれの電力量を〔W·h〕で，発熱量を〔cal〕で示せ．

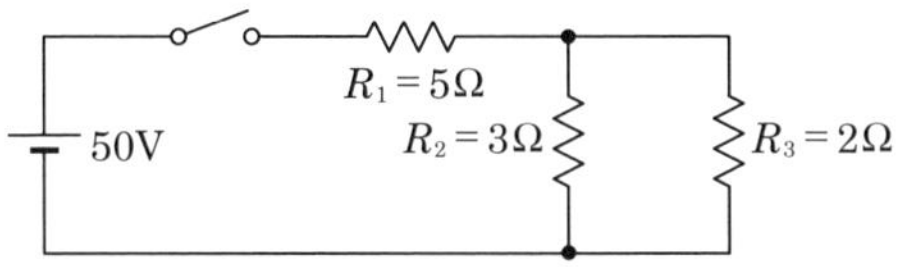

第2章　章末問題

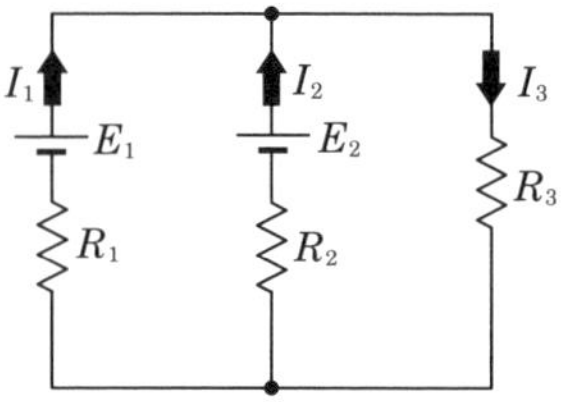

図 2·6

1．図の回路で$E_1 = 10$V，$E_2 = 5$V，$R_1 = 2\Omega$，$R_2 = 4\Omega$，$R_3 = 6\Omega$の場合，回路を流れる電流I_1，I_2，I_3をそれぞれ求めよ．

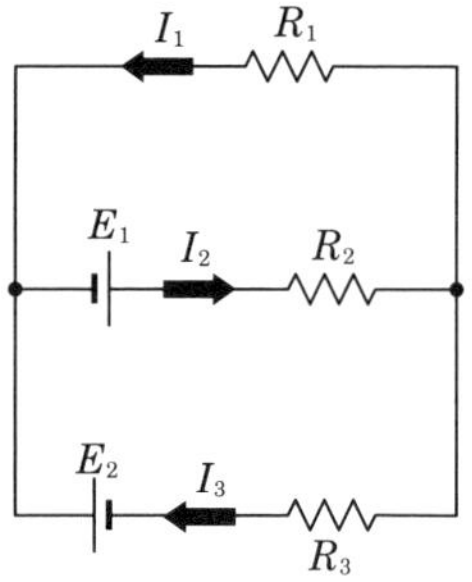

図 2·7

2．重ね合せの定理を用いて図の回路を流れる電流I_1，I_2，I_3を求めよ．ただし，$E_1 = 30$V，$E_2 = 10$V，$R_1 = 6\Omega$，$R_2 = 4\Omega$，$R_3 = 2\Omega$とする．

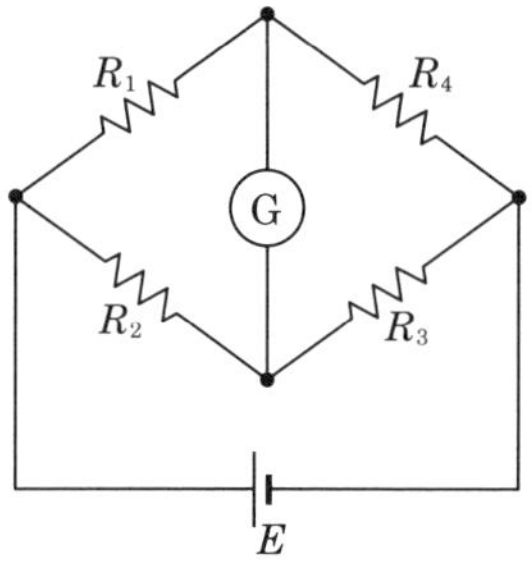

図 2·8

3．図のブリッジ回路について，$R_1 = 10$kΩ，$R_2 = 6$kΩ，$R_3 = 300\Omega$のとき，ブリッジを平衡状態にするにはR_4を何〔Ω〕にしたらよいか．

4．20Ωの抵抗をもつ電熱器に，12Vを3時間加えたときの電力量〔W·h〕と発熱量〔cal〕を求めよ．また，この電力量により水2ℓの水温を何度上昇できるか．

第3章

交流回路の基礎

家庭などに配電され，家電製品の電源として用いられる交流は，時間とともに大きさと向きが変化する性質をもつ．そのため交流回路を解くには，直流回路の知識に加えて，周波数，位相角などの交流波形の性質や，交流における抵抗R，インダクタンスL，コンデンサCの性質を理解する必要がある．

本章では，これら交流回路の基本性質を理解する．

キーワード　正弦波交流，瞬時値，最大値，実効値，平均値，ピークツーピーク値，周波数，周期，位相角，角周波数，ベクトル，リアクタンス，合成容量，インピーダンス

3.1 正弦波交流の表示

(a) 瞬時値

交流は，大きさと向きが時間とともに変化するため，時間t〔s〕の関数で表した**瞬時値**を用いる．

$$v = V_m \sin(2\pi f t + \theta) = V_m \sin(\omega t + \theta) \text{〔V〕}$$

$$f = \frac{1}{T} \text{〔Hz〕}$$

$$\omega = 2\pi f \text{〔rad / s〕}$$

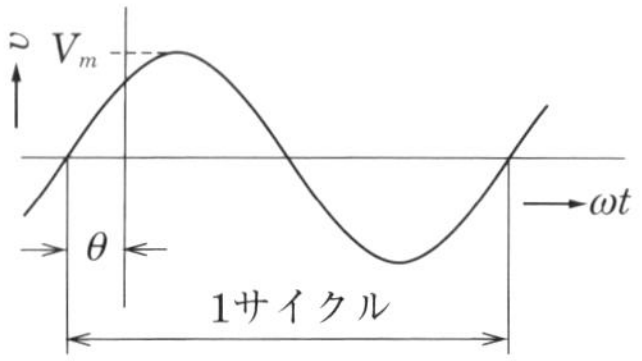

図 3·1

v：瞬時値〔V〕（時刻t〔s〕における電圧）

V_m：最大電圧〔V〕

f：周波数〔Hz（ヘルツ）〕（1秒あたりのサイクル数）

T：周期〔s〕（1サイクルに要する時間）

θ：位相角〔rad（ラジアン）〕

ω（オメガ）：角周波数〔rad / s〕

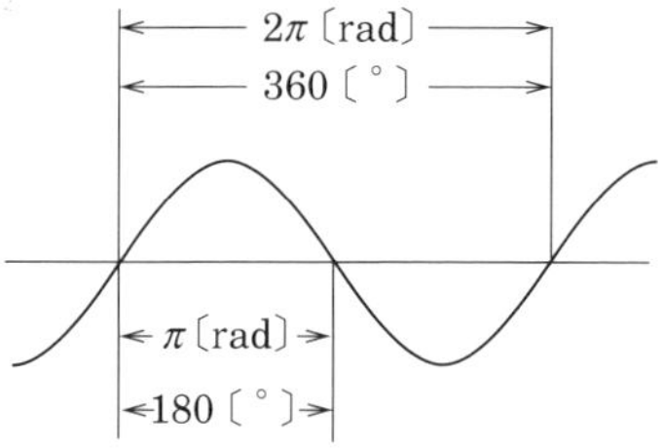

1〔°〕= π /180〔rad〕

図 3·2

角度の単位は，180〔°〕を1π〔rad〕とする**弧度法**が用いられる．

(b) 位相角

原点（時刻$t = 0$s，$v = 0$V）を通る交流からの角度のずれを表す．

図のvに対して，v_1は位相がθ進み，v_2は位相がθ遅れている．

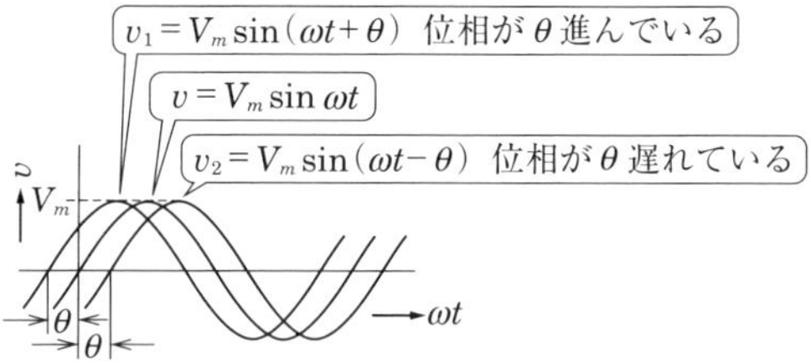

図 3·3

(c) 平均値

半サイクルの平均の電圧（電流）の値を**平均値**という．

$$平均値 V_{av} = \frac{2}{\pi} V_m 〔V〕$$

(d) ピークツーピーク値

電圧の最低値から最高値までを**ピークツーピーク値** $V_{p\text{-}p}$ という．

ピークツーピーク値 $V_{p\text{-}p} = 2V_m$ 〔V〕

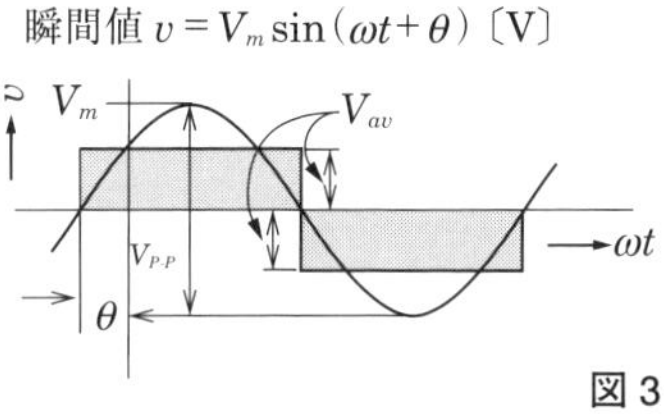

図 3・4

(e) 実効値

1サイクルにおける瞬時値の2乗の平均値を**実効値**という．特に指定がないときは，交流の大きさを実効値を用いて，家庭用電源“100V”などと表す．

$$実効値 V = \frac{V_m}{\sqrt{2}} 〔V〕$$

瞬時値は実効値 V を用いて，$v = \sqrt{2}\, V \sin(\omega t + \theta)$〔V〕で表される．

例題 3.1 瞬時値が $v = 100\sin(50\pi t)$〔V〕の正弦波交流について次の値を示せ．

（1）最大電圧 V_m〔V〕　（2）角周波数 ω〔rad / s〕　（3）位相角 θ〔rad〕

（4）周波数 f〔Hz〕　（5）周期 T〔s〕

解 瞬時値 $v = V_m \sin(\omega t + \theta) = 100\sin(50\pi t)$〔V〕より，$V_m$，$\omega$，$\theta$ を導く．周波数と周期は，$\omega = 2\pi f$ より $f = \omega / (2\pi)$，周期 $T = 1 / f$ より求める．

$$V_m = 100\text{V}, \quad \omega t = 50\pi t \qquad \therefore \quad \omega = 50\pi 〔\text{rad / s}〕, \ \theta = 0\,\text{rad}$$

$$\omega = 2\pi f = 50\pi \qquad \therefore \quad f = 25\text{Hz}, \quad T = \frac{1}{f} = \frac{1}{25} = 0.04\,\text{s} = 40\text{ms}$$

答 （1）100V　（2）50π〔rad / s〕　（3）0 rad　（4）25Hz　（5）40ms

例題 3.2 図に示す正弦波交流波形について次の値を示せ．

(1) 最大電圧 V_m〔V〕 (2) 平均値 V_{av}〔V〕

(3) ピークツーピーク値 $V_{p\text{-}p}$〔V〕 (4) 実効値 V〔V〕

(5) 周期 T〔ms〕 (6) 周波数 f〔Hz〕 (7) 角周波数 ω〔rad / s〕

(8) 位相角 θ〔rad〕 (9) 瞬時値 v〔V〕

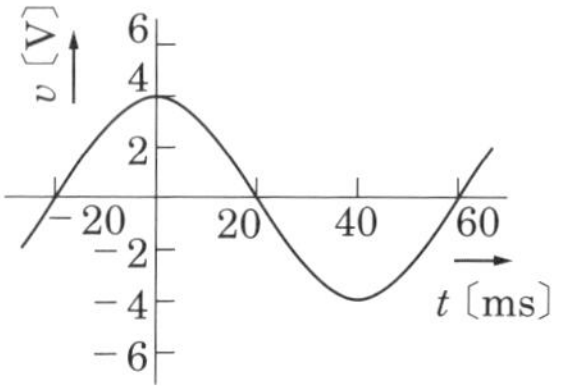

解 (1) 波形の最大値を読取る．$V_m=4\text{V}$

(2) 平均値 $V_{av}=2V_m/\pi=2\times4/\pi=8/\pi$〔V〕

(3) ピークツーピーク値 $V_{p\text{-}p}=2V_m=2\times4=8\text{V}$

(4) 実効値 $V=V_m/\sqrt{2}=4\times\sqrt{2}/2=2\sqrt{2}\,\text{V}$

(5) 1サイクルに要する時間を求める．$T=80\text{ms}$

(6) 周波数 $f=1/T=1/(80\times10^{-3})=12.5\text{Hz}$

(7) 角周波数 $\omega=2\pi f=2\times\pi\times12.5=25\pi$〔rad / s〕

(8) 原点からのずれ（この場合は進み角）を読取る．1周期（360°）$=2\pi$〔rad〕として読取る．

$$\theta=90〔^\circ〕=\frac{1}{4}\times2\pi〔\text{rad}〕=0.5\pi〔\text{rad}〕$$

(9) 瞬時値 $v=V_m\sin(\omega t+\theta)$ に各値を代入する．

$$v=V_m\sin(\omega t+\theta)=4\sin(25\pi t+0.5\pi)〔\text{V}〕$$

答 (1) 4V (2) $8/\pi$〔V〕 (3) 8V (4) $2\sqrt{2}$ V

(5) 80ms (6) 12.5Hz (7) 25π〔rad / s〕 (8) 0.5π〔rad〕

(9) $4\sin(25\pi t+0.5\pi)$〔V〕

練習問題

3.1 次の文の（①）～（⑦）の中に適当な語句や記号を記入せよ．

交流の平均値は，（①）サイクルの平均の値をいう．

正弦波交流波形の場合の平均値は，最大値の（②）倍である．

交流波形の（③）値から（④）値までを交流のピークツーピーク値という．

交流の実効値は（⑤）サイクルにおける（⑥）の２乗の平均値で表される．

正弦波交流の場合の実効値は，最大値の（⑦）倍である．

3.2 次の単位〔rad〕と〔°〕の対応表を完成させよ．

〔rad〕	2π	π	$\frac{\pi}{3}$	④	⑤	⑥
〔°〕	①	②	③	120	45	270

3.3 瞬時値 $v = 80\sin 40t$〔V〕で表される交流電圧について

（1）最大値 V_m　（2）平均値 V_{av}　（3）ピークツーピーク値 $V_{p\text{-}p}$

（4）実効値 V　（5）角周波数 ω　（6）周波数 f　（7）周期 T

を求めよ．

3.4 図に示す位相角のみが異なる正弦波交流 v_1，v_2，v_3 について，次の問に答えよ．

（1）v_1，v_2，v_3 のうち，いちばん位相が進んでいるのはどの波形か．

（2）最大電圧 $V_m = 50$V，角周波数 $\omega = 20\pi$〔rad / s〕，位相角 $\theta_1 = \theta_2 = \pi / 8$〔rad〕のとき，$v_1$，$v_2$，$v_3$ を瞬時値で表せ．

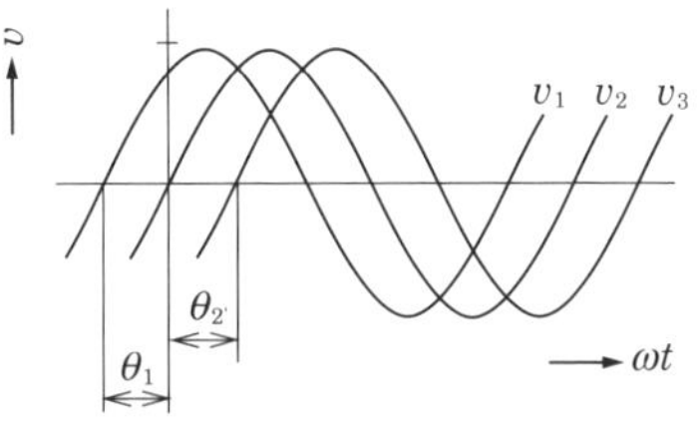

3.5 図に示される正弦波交流の電圧 v を瞬時値を用いて表せ．ただし，周波数 f = 200kHz とする．

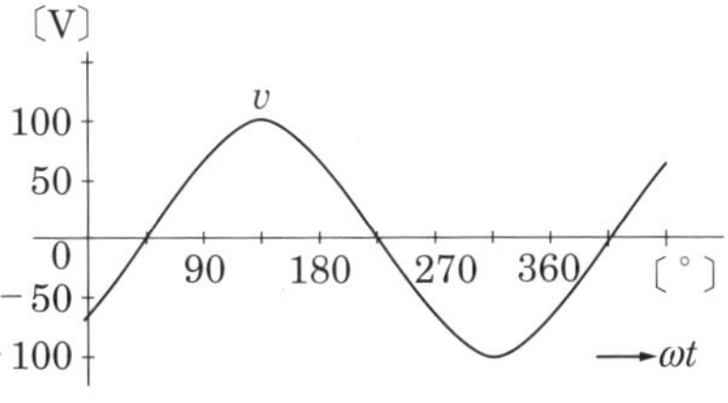

3.2 交流とベクトル

(a) ベクトル

絶対値（大きさ）と位相角（偏角）を用いて表すベクトルを**極形式**（**極座標表示**）という．

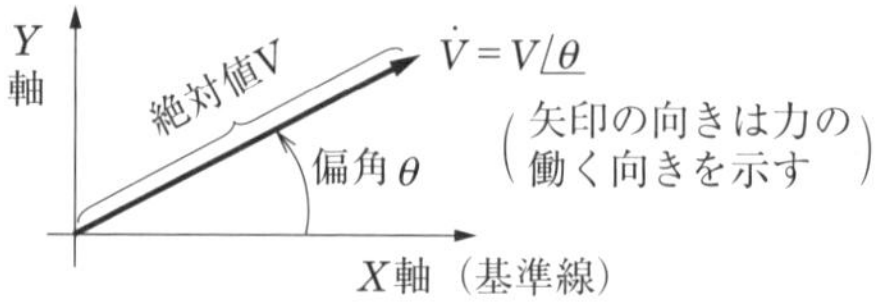

図 3·5

ベクトル $\dot{V}=V\angle\theta$

$\dot{V}$：極形式のベクトル　　V：絶対値　　θ：位相角

(b) ベクトルの合成

2つの**ベクトルの合成**（和および差）は，平行四辺形を描き求める．

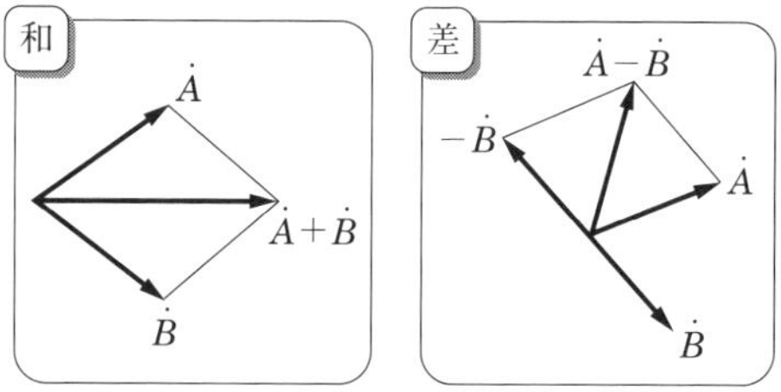

ベクトル $\dot{A}$ とベクトル $\dot{B}$ の合成

図 3·6

(c) ベクトルによる正弦波交流の表示

実効値 V，角周波数 ω，位相角がそれぞれ $+\theta$，0，$-\theta$ である正弦波交流 v_1，v，v_2 を瞬時値とベクトルで示す．

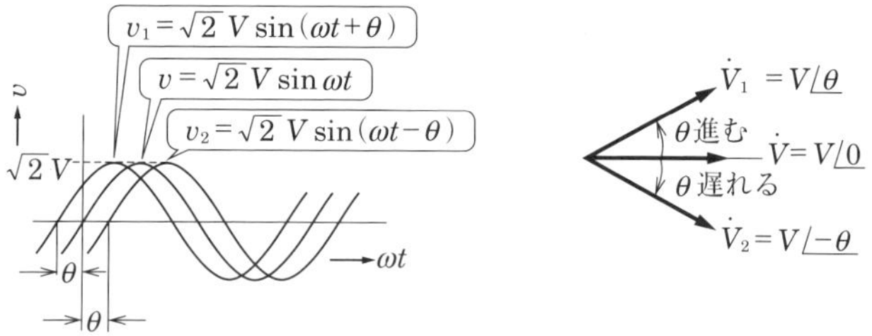

(a) 瞬時値　　(b) ベクトル

図 3·7

表 3·1

瞬時値	ベクトル
$v=\sqrt{2}V\sin\omega t$	$\dot{V}=V\angle 0$
$v_1=\sqrt{2}V\sin(\omega t+\theta)$	$\dot{V}_1=V\angle\theta$
$v_2=\sqrt{2}V\sin(\omega t-\theta)$	$\dot{V}_2=V\angle-\theta$

例題 3.3　図のベクトル$\dot{A}$，$\dot{B}$，$\dot{C}$，$\dot{D}$を極形式でベクトル表示せよ．ただし，偏角の単位は〔rad〕を用いる．

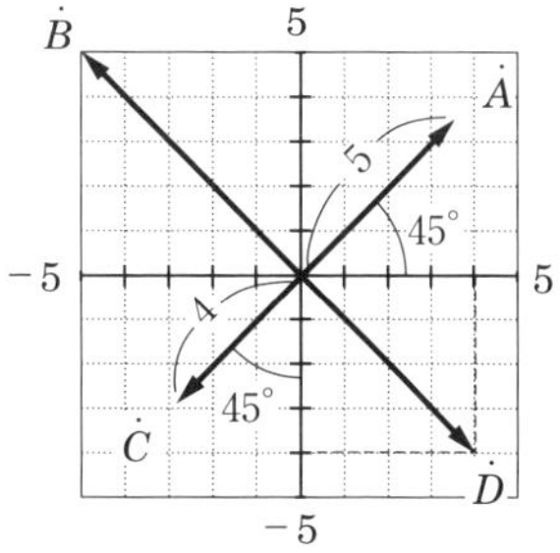

解　それぞれのベクトルの絶対値と位相角を図から読み取る．ベクトル$\dot{C}$および$\dot{D}$については位相角がマイナスになる点に注意する．ベクトル$\dot{B}$，$\dot{D}$の絶対値は，三平方の定理を用いて求める．

ベクトル$\dot{A}$について

絶対値は5，位相角は$45° = (1/4)\pi$　よって　$\dot{A} = 5\underline{/\pi/4}$

ベクトル$\dot{B}$について

絶対値は$5\sqrt{2}$，位相角は$135° = (3/4)\pi$　よって　$\dot{B} = 5\sqrt{2}\underline{/(3/4)\pi}$

ベクトル$\dot{C}$について

絶対値は4，位相角は$-(3/4)\pi$　よって　$\dot{C} = 4\underline{/-(3/4)\pi}$

ベクトル$\dot{D}$について

絶対値は$\sqrt{4^2 + 4^2} = 4\sqrt{2}$，位相角は$-45° = -(1/4)\pi$よって$\dot{D} = 4\sqrt{2}\underline{/-(1/4)\pi}$

答　$\dot{A} = 5\underline{/\pi/4}$，$\dot{B} = 5\sqrt{2}\underline{/(3/4)\pi}$，$\dot{C} = 4\underline{/-(3/4)\pi}$，$\dot{D} = 4\sqrt{2}\underline{/-(1/4)\pi}$

例題 3.4　図のベクトル$\dot{A}$，$\dot{B}$に対して次の問に答えよ．

(1) $\dot{A} + \dot{B}$を図中に示し，式で示せ．

(2) $\dot{A} - \dot{B}$を図中に示し，式で示せ．

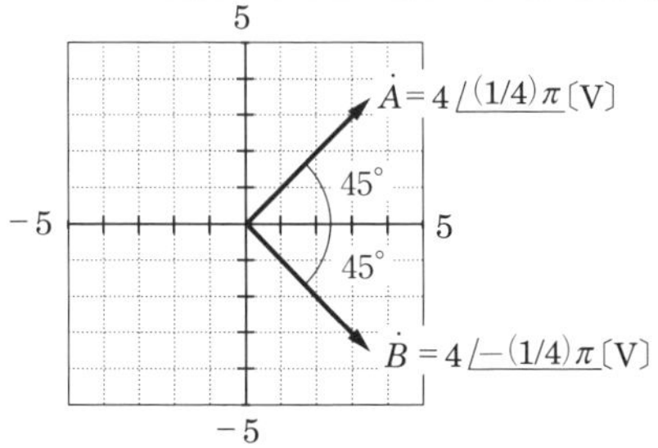

解　$\dot{A}+\dot{B}$を図 (a)，$\dot{A}-\dot{B}$を図 (b) に示す．合成されたベクトルの絶対値と位相角を求め式にする．

合成図より

(1) $\dot{A}+\dot{B}=4\sqrt{2}\angle 0$〔V〕

(2) $\dot{A}-\dot{B}=4\sqrt{2}\angle 90^\circ=4\sqrt{2}\angle(1/2)\pi$〔V〕

答　(1) $4\sqrt{2}\angle 0$〔V〕　(2) $4\sqrt{2}\angle(1/2)\pi$〔V〕

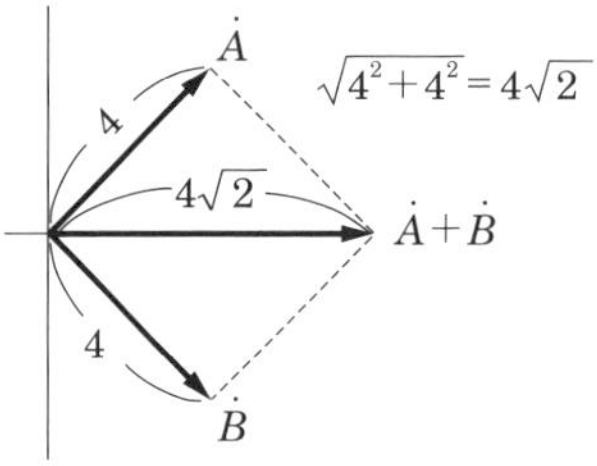

(a) $\dot{A}+\dot{B}$

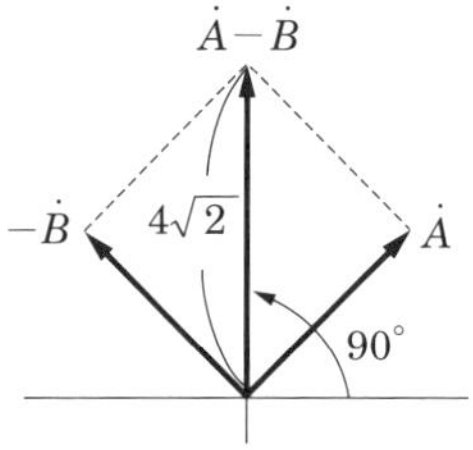

(b) $\dot{A}-\dot{B}$

例題 3.5　図に示す電圧のベクトル$\dot{V}_1$，$\dot{V}_2$，$\dot{V}_3$を瞬時値で表せ．ただし，角周波数ωは20 rad / sとする．

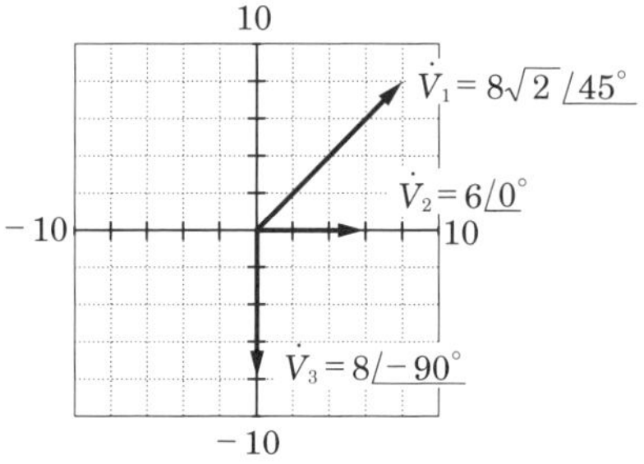

解　ベクトルと瞬時値の関係は，$\dot{V}=V\angle\theta$〔V〕$\longleftrightarrow v=\sqrt{2}\,V\sin(\omega t+\theta)$〔V〕

ベクトル$\dot{V}_1$，$\dot{V}_2$，$\dot{V}_3$の大きさは，$V_1=8\sqrt{2}$，$V_2=6$，$V_3=8$，

位相角は$\theta_1=45^\circ=(1/4)\pi$，$\theta_2=0$，$\theta_3=-90^\circ=-(1/2)\pi$

よって$v_1=16\sin(20t+(1/4)\pi)$〔V〕，$v_2=6\sqrt{2}\sin 20t$〔V〕，$v_3=8\sqrt{2}\sin(20t-(1/2)\pi)$〔V〕

答　$v_1=16\sin(20t+(1/4)\pi)$〔V〕，$v_2=6\sqrt{2}\sin 20t$〔V〕，$v_3=8\sqrt{2}\sin(20t-(1/2)\pi)$〔V〕

練習問題

3.6 次の文の(①)~(⑤)の中に適当な語句や記号を記入せよ.

絶対値と偏角を用いて表すベクトルを(①)のベクトルという.ベクトルを図示した場合,偏角は(②)座標軸を基準とし,矢印の向きは,(③)の働く向きを示す.正弦波交流波形をこのベクトルを用いて表した場合,ベクトルの絶対値は交流の(④)に,ベクトルの偏角は交流の(⑤)にそれぞれ対応する.

3.7 次のベクトルを図に示せ.

$\dot{A}=4\angle 0^\circ$　$\dot{B}=4\angle -90^\circ$　$\dot{C}=4\angle -180^\circ$

$\dot{D}=2\sqrt{2}\angle 45^\circ$　$\dot{E}=3\sqrt{2}\angle -135^\circ$

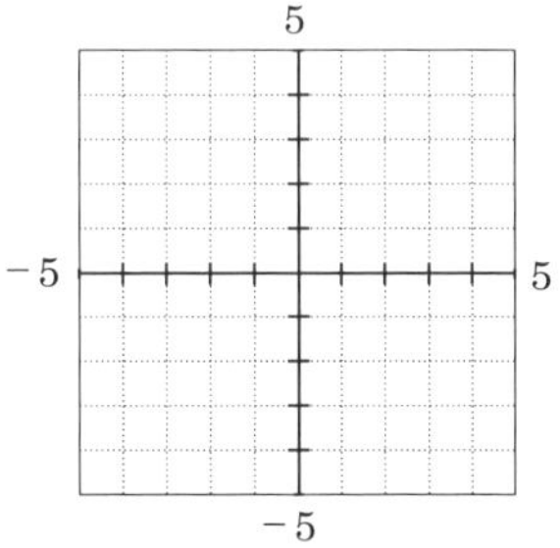

3.8 $\dot{A}=4\angle 0^\circ$, $\dot{B}=4\angle -90^\circ$ のとき,

(1) $\dot{A}+\dot{B}$を求めよ.

(2) $\dot{B}-\dot{A}$を求めよ.

3.9 次の瞬時値と極形式ベクトルとの対応表を完成せよ.

瞬時値	ベクトル	
$v_1=50\sqrt{2}\sin 30t$	(1)	
$v_2=100\sqrt{2}\sin(20t+\pi)$	(2)	
$v_3=60\sin\left(40t-\frac{1}{2}\pi\right)$	(3)	
(4)	$\dot{V}_4=70\angle 0^\circ$	ただし $\omega=50$〔rad/s〕とする
(5)	$\dot{V}_5=10\sqrt{2}\angle 90^\circ$	
(6)	$\dot{V}_6=4\sqrt{2}\angle -45^\circ$	

3.3 リアクタンスとコンデンサの接続

交流回路では，インダクタンス（コイル）やコンデンサも抵抗要素として働く．インダクタンスについては誘導リアクタンスX_L〔Ω〕，コンデンサについては容量リアクタンスX_C〔Ω〕を用い，その大きさを表す．

(a) 誘導リアクタンス X_L

誘導リアクタンス$X_L = \omega L$〔Ω〕$= 2\pi f L$〔Ω〕

（ω〔rad / s〕：角周波数，L〔H〕：インダクタンス，f：周波数）

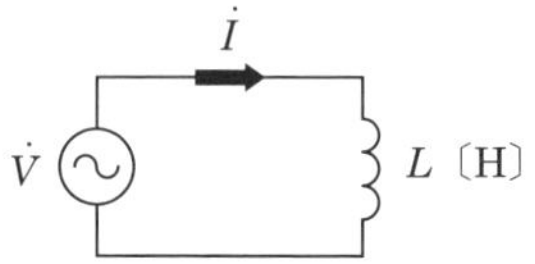

図 3・8

(b) 容量リアクタンス X_C

容量リアクタンス$X_C = \dfrac{1}{\omega C}$〔Ω〕$= \dfrac{1}{2\pi f C}$〔Ω〕

（ω〔rad / s〕：角周波数，C〔F〕：コンデンサの容量，f：周波数）

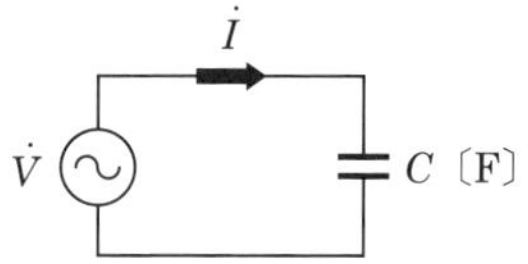

図 3・9

(c) コンデンサの接続

● 直列合成容量

$$C = \frac{1}{\dfrac{1}{C_1} + \dfrac{1}{C_2} + \dfrac{1}{C_3} \cdots \dfrac{1}{C_n}} \text{〔F〕}$$

（並列合成抵抗の計算法と同様）

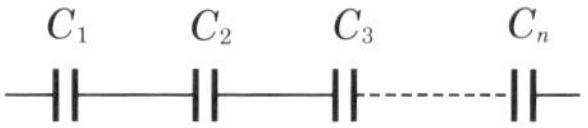

図 3・10

● 並列合成容量

$$C = C_1 + C_2 + C_3 + \cdots + C_n \text{〔F〕}$$

（直列合成抵抗の計算法と同様）

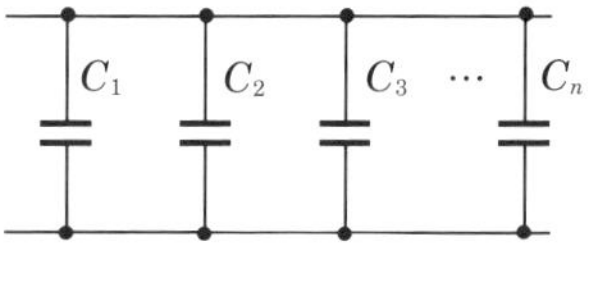

図 3・11

例題 3.6 図に示す回路のインダクタンスの誘導リアクタンス X_L とコンデンサの容量リアクタンス X_C をそれぞれ求めよ．

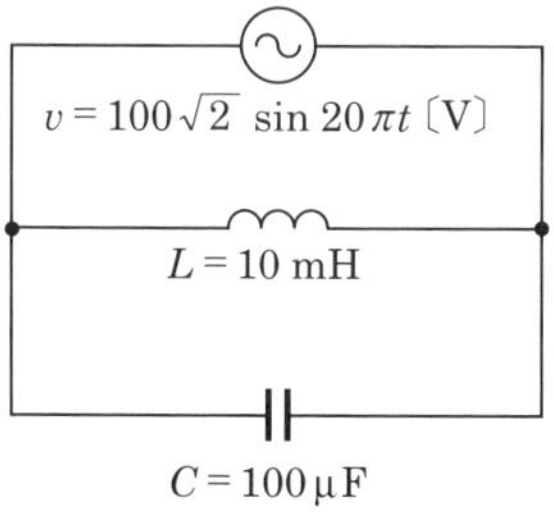

解 交流電源の瞬時式 $v = 100\sqrt{2}\sin 20\pi t$ より角周波数 ω を求め，誘導リアクタンス $X_L = \omega L$〔Ω〕，容量リアクタンス $X_C = 1/(\omega C)$〔Ω〕に代入する．

$\omega = 20\pi$〔rad / s〕，$L = 10\times10^{-3}$ H，$C = 100\times10^{-6}$ F なので

$$X_L = \omega L = 20\pi\times10\times10^{-3} = 0.2\pi\ 〔\Omega〕$$

$$X_C = 1/(\omega C) = 1/(20\pi\times100\times10^{-6}) = 500/\pi\ 〔\Omega〕$$

答 $X_L = 0.2\pi$〔Ω〕，$X_C = 500/\pi$〔Ω〕

例題 3.7 図に示す回路の交流電源を瞬時値で示せ．ただし，インダクタンスの値 $L = 40$mH，誘電リアクタンス $X_L = 20\pi$〔Ω〕，交流電源の最大値 $V_m = 100$V，位相角 $\theta = 0°$ とする．

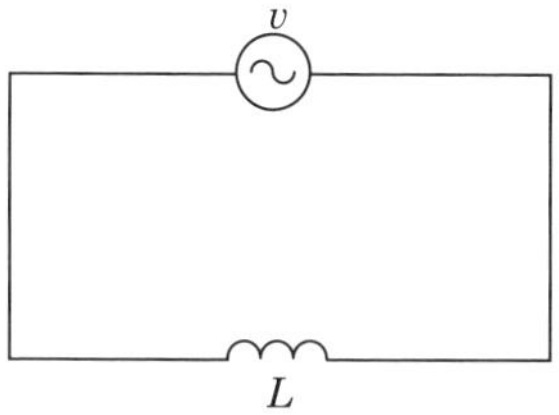

解 誘導リアクタンス $X_L = \omega L$ より角周波数 ω を求め，最大値 V_m，位相角 θ とともに交流電源の瞬時式 $v = V_m \sin(\omega t + \theta)$ に代入し，求める．

$X_L = \omega L$ より $\omega = X_L / L = 20\pi/(40\times10^{-3}) = 500\pi$，$V_m = 100$V，$\theta = 0°$

よって $v = 100\sin(500\pi t)$〔V〕

答 $v = 100\sin(500\pi t)$〔V〕

例題 3.8

図に示すコンデンサの合成容量 $C_{a\text{-}b}$ を求めよ.

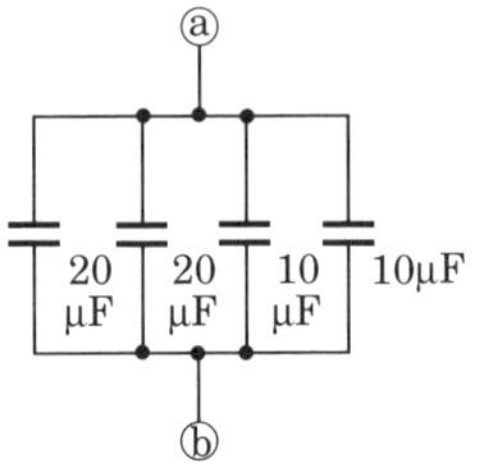

解 並列合成容量は，コンデンサの容量の和で求める.

$$C_{a\text{-}b} = 20\mu\mathrm{F} + 20\mu\mathrm{F} + 10\mu\mathrm{F} + 10\mu\mathrm{F} = 60\mu\mathrm{F}$$

答　60 μF

例題 3.9

図に示すコンデンサの合成容量 $C_{a\text{-}b}$ を求めよ.

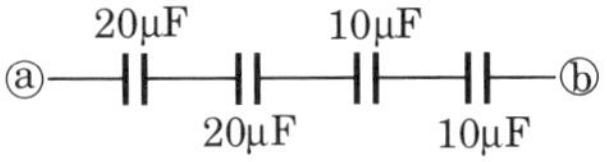

解 直列合成容量の式 $C = 1 / \{(1 / C_1) + (1 / C_2) + (1 / C_3) + \cdots + (1 / C_n)\}$〔F〕より求める.

$$C_{a-b} = \frac{1}{\frac{1}{20} + \frac{1}{20} + \frac{1}{10} + \frac{1}{10}} \fallingdotseq 3.33\,\mu\mathrm{F}$$

答　3.33μF

練習問題

3.10 次の文中の（①）〜（④）に適当な語句または記号を記入せよ．

交流回路において，インダクタンスやコンデンサによる抵抗要素の大きさをリアクタンスと呼び，単位に（①）を用いる．リアクタンスは，交流回路の（②）の値と，インダクタンスおよびコンデンサの容量から求まり，インダクタンスのリアクタンス（誘導リアクタンス）は$X_L=$（③），コンデンサのリアクタンス（容量リアクタンス）はX_C ＝（④）で求まる．

3.11 図の回路の誘導リアクタンスと容量リアクタンスを求めよ．ただし，$L=$ 40mH，$C=500\mu$F，$i=10\sqrt{2}\sin 60\pi t$〔A〕とする．

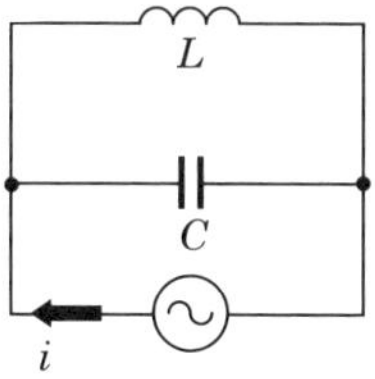

3.12 図に示す回路の誘導リアクタンスおよび容量リアクタンスを求めよ．

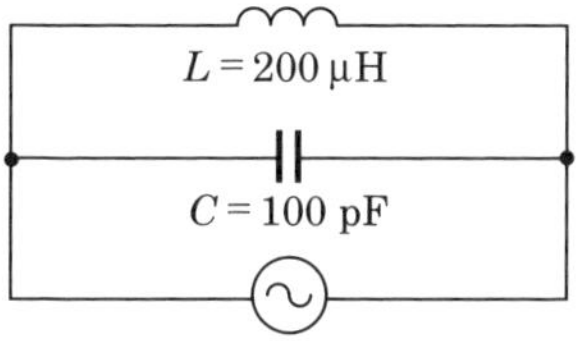

$v=100\sqrt{2}\sin 50\pi t$〔V〕

3.13 図の回路について次の問に答えよ

(1) ⓐ-ⓑ 間の合成容量$C_{a\text{-}b}$を求めよ．

(2) ⓑ-ⓒ 間の合成容量$C_{b\text{-}c}$を求めよ．

(3) ⓐ-ⓒ 間の合成容量$C_{a\text{-}c}$を求めよ．

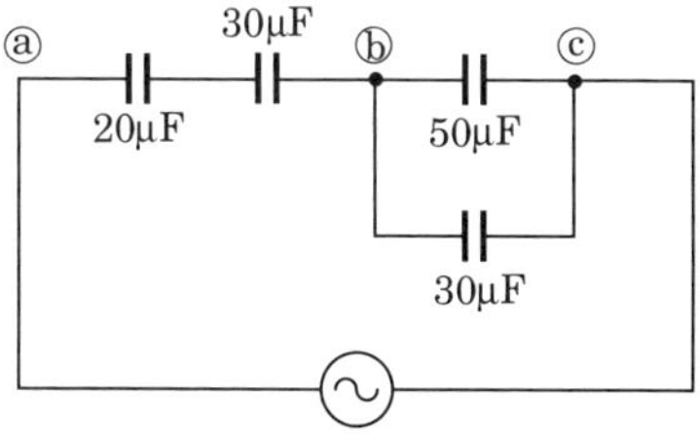

3.4 インピーダンス

交流回路における電流を妨げる要素を**インピーダンス**といい，記号はZ，単位はΩを用いる．R〔Ω〕の抵抗は$Z=R$〔Ω〕，L〔H〕のインダクタンスは$Z=X_L=\omega L$〔Ω〕（誘導リアクタンスの値），C〔F〕のコンデンサは$Z=X_C=1/(\omega C)$〔Ω〕（容量リアクタンスの値）で表される．

回 路	インピーダンス	波 形	ベクトル（$\dot{V}$基準）
（R回路）	$Z=R$〔Ω〕	$v=\sqrt{2}V\sin\omega t$, $i=\sqrt{2}\dfrac{V}{Z}\sin\omega t$	$\dot{I}$は$\dot{V}$と同相
（L回路）	$Z=X_L$ $=\omega L$〔Ω〕	$v=\sqrt{2}V\sin\omega t$, $i=\sqrt{2}\dfrac{V}{Z}\sin\left(\omega t-\dfrac{\pi}{2}\right)$	$\dot{I}$は$\dot{V}$より$\dfrac{\pi}{2}$遅れる
（C回路）	$Z=X_C$ $=1/(\omega C)$ 〔Ω〕	$v=\sqrt{2}V\sin\omega t$, $i=\sqrt{2}\dfrac{V}{Z}\sin\left(\omega t+\dfrac{\pi}{2}\right)$	$\dot{I}$は$\dot{V}$より$\dfrac{\pi}{2}$進む

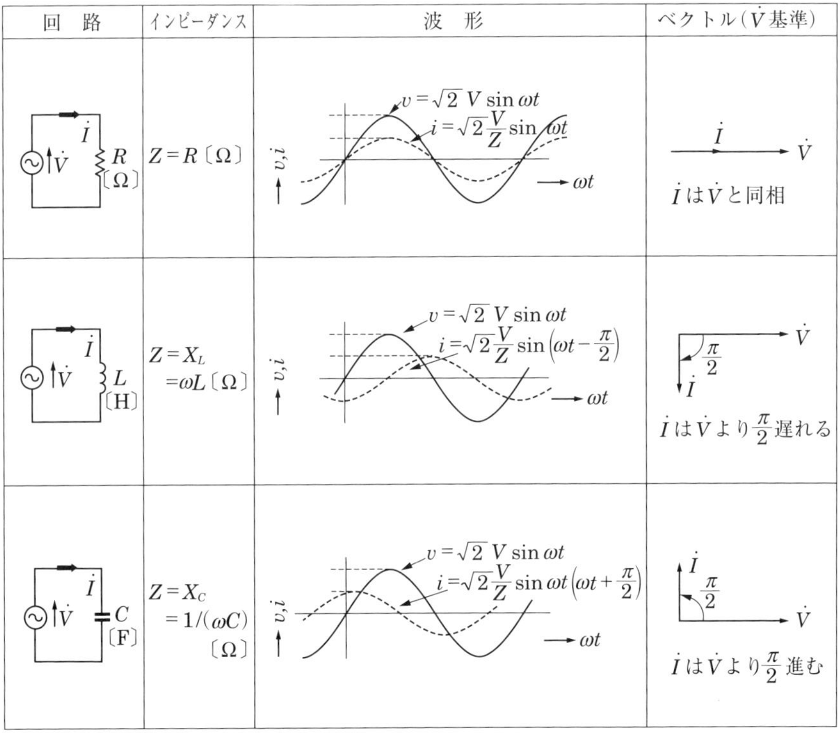

図 3・12

例題 3.10 図の回路について次の問に答えよ．

(1) R，L，CのインピーダンスZ_R，Z_L，Z_Cを求めよ．

(2) R，L，Cを流れる電流i_R，i_L，i_Cを瞬時値で示せ．

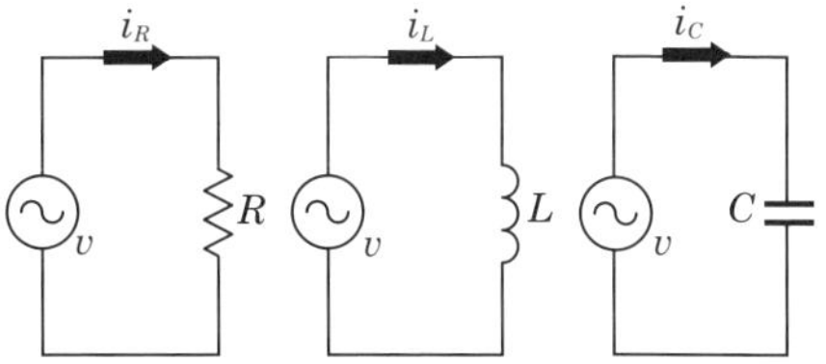

$v=100\sqrt{2}\ \sin 50\pi t$〔V〕
$R=20\Omega$，$L=10$ mH，$C=500\,\mu$F

解 (1) 各素子のインピーダンスには抵抗値，誘導リアクタンスωL，容量リアクタンス$1/(\omega C)$を用いる．

$$Z_R=R=20\Omega$$

$\omega=50\pi$〔rad / s〕より，

$$Z_L=\omega L=50\pi\times 10\times 10^{-3}=0.5\pi\text{〔}\Omega\text{〕}$$

$$Z_C=\frac{1}{\omega C}=\frac{1}{50\pi\times 500\times 10^{-6}}=\frac{40}{\pi}\text{〔}\Omega\text{〕}$$

(2) 電流の最大値I_m，角周波数ωと，位相角θを求める．オームの法則より$I_m=V_m/Z$，電流の角周波数=電圧の角周波数．

電流の位相角は，電圧の位相角に対して，抵抗の場合は同相，インダクタンスの場合は$\pi/2$遅れ$(-\pi/2)$，コンデンサの場合は$\pi/2$進む$(+\pi/2)$．

i_Rの場合：オームの法則より

$$I_{mR}=\frac{V_m}{Z_R}=\frac{100\sqrt{2}}{20}=5\sqrt{2}\text{〔A〕}$$

位相角は電圧と同相である，$\theta_R=0$ rad したがって

$$i_R=I_{mR}\sin(\omega t+\theta_R)=5\sqrt{2}\sin 50\pi t\text{〔A〕}$$

i_Lの場合：$I_{mL}=V_m/Z_L=100\sqrt{2}/0.5\pi=200\sqrt{2}/\pi$〔A〕

位相角は電圧に対して$\pi/2$遅れるので$\theta_L=-\pi/2$〔rad〕．したがって

$$i_L=I_{mL}\sin(\omega t+\theta_L)=\frac{200\sqrt{2}}{\pi}\sin\left(50\pi t-\frac{\pi}{2}\right)\text{〔A〕}$$

i_Cの場合：$I_{mC}=V_m/Z_C=100\sqrt{2}/(40/\pi)=2.5\sqrt{2}\pi$〔A〕

位相角は電圧に対して$\pi/2$進むので$\theta_C=+\pi/2$〔rad〕．したがって

$$i_C = I_{mC}\sin(\omega t+\theta_C) = 2.5\sqrt{2}\pi\sin\left(50\pi t+\frac{\pi}{2}\right)\text{〔A〕}$$

答　(1)　$Z_R=20\Omega$，$Z_L=0.5\pi$〔Ω〕，$Z_C=40/\pi$〔Ω〕

(2)　$i_R=5\sqrt{2}\sin 50\pi t$〔A〕，$i_L=\dfrac{200\sqrt{2}}{\pi}\sin\left(50\pi t-\dfrac{\pi}{2}\right)$〔A〕，

$i_C=2.5\sqrt{2}\pi\sin\left(50\pi t+\dfrac{\pi}{2}\right)$〔A〕

例題 3.11　図は，同じ正弦波交流電圧を抵抗R，インダクタンスL，コンデンサCにそれぞれ加えたときの電流波形を示す．図を参照して，次の問に答えよ．

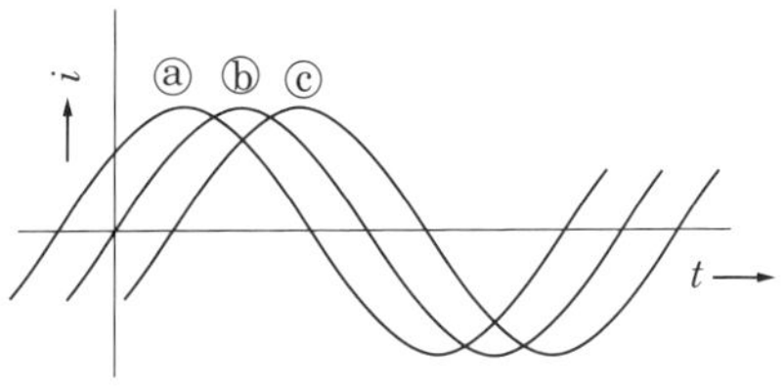

(1)　電流波形ⓐ，ⓑ，ⓒはそれぞれどの素子に流れる電流か．

(2)　R，L，CのインピーダンスZ_R，Z_L，Z_C間に成立する関係を式で答えよ．

解　(1)　R，L，Cに同じ交流電圧を加えた場合の電流の位相角は，電圧の位相角に対して，Rについては同相，Lについては$\pi/2$遅れ，Cについては$\pi/2$進む．

電流の位相角は，コンデンサC，抵抗R，インダクタンスLの順に進むので，ⓐはコンデンサCを流れる電流，ⓑは抵抗Rを流れる電流，ⓒはインダクタンスLを流れる電流である．

(2)　ⓐ，ⓑ，ⓒの電流波形の最大電流はいずれも同じ大きさであることから，各インピーダンスも等しいことがわかる．

加えた電圧の最大値をV_m，それぞれの素子のインピーダンスをZ_R，Z_L，Z_Cとすると，$V_m/Z_R=V_m/Z_L=V_m/Z_C$の関係が図より読取れる．すなわち，$Z_R=Z_L=Z_C$の関係が成立する．

答　(1)　ⓐ：コンデンサ，ⓑ：抵抗，ⓒ：インダクタンス　　(2)　$Z_R=Z_L=Z_C$

練習問題

3.14 次の文中の（①）～（⑨）に適当な語句や記号を記入せよ．

角周波数ω〔rad / s〕，最大電圧V_m〔V〕の交流電圧をR〔Ω〕の抵抗，L〔H〕のインダクタンス，C〔F〕のコンデンサに加えた場合のそれぞれのインピーダンスは，$Z_R =$（①）〔Ω〕，$Z_L =$（②）〔Ω〕，$Z_C =$（③）〔Ω〕となる．それぞれの素子を流れる最大電流は，オームの法則より$I_{mR} =$（④）〔A〕，$I_{mL} =$（⑤）〔A〕，$I_{mC} =$（⑥）〔A〕となる．各素子を流れる電流の位相は，加えた電圧に対して，抵抗の場合は（⑦），インダクタンスの場合は（⑧），コンデンサの場合は（⑨）．

3.15 図の回路を参照し，表とベクトル図を完成せよ．ただし，ベクトル図は，極形式で$\dot{V}$と$\dot{I}$を示せ．

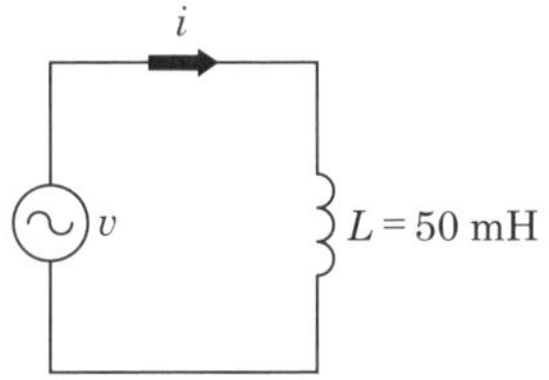

$v = 100\sqrt{2}\ \sin 20\pi t$〔V〕

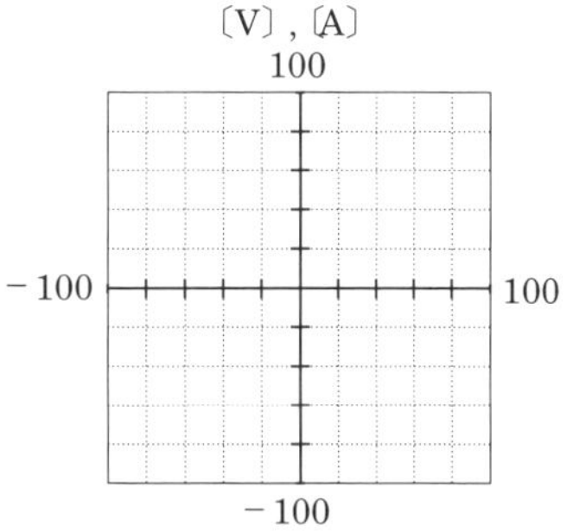

	瞬時値	最大値	実効値	位相角
電圧	$v = 100\sqrt{2}\sin 20\pi t$〔V〕	①〔V〕	②〔V〕	③〔rad〕
電流	$i =$ ④〔A〕	⑤〔A〕	⑥〔A〕	⑦〔rad〕

3.16 $v = 200\sqrt{2}\ \sin 50\pi t$の交流電圧をコンデンサ$C$に加えたら，500mAの電流が流れた．コンデンサ$C$の容量を求めよ（特に指定のないときの電圧，電流は実効値を用いる．この場合の500mAも実効値である）．

3.17 $v = 50\sqrt{2}\ \sin 10\pi t$〔V〕を200μFのコンデンサに加えたときに流れる電流iの瞬時値を求めよ．

第3章　章末問題

1．瞬時値が$v=200\sqrt{2}\sin\{60\pi t+(2/3)\pi\}$〔V〕の正弦波交流について次の値を示せ．

最大電圧V_m〔V〕，角周波数ω〔rad / s〕，位相角θ〔rad〕，周波数f〔Hz〕，周期T〔s〕

2．瞬時値$v_1=50\sin\{60\pi t+(1/4)\pi\}$〔V〕，$v_2=10\sqrt{2}\sin 60\pi t$〔V〕，$v_3=80\sqrt{2}\sin\{60\pi t-(3/4)\pi\}$〔V〕を極座標表示のベクトル$\dot{V}_1$，$\dot{V}_2$，$\dot{V}_3$で表せ．

3．図に示す回路の誘導リアクタンスおよび容量リアクタンスを求めよ．ただし，$L=300$mH，$C=50\mu$F，$v=100\sqrt{2}\sin 60\pi t$〔V〕とする．

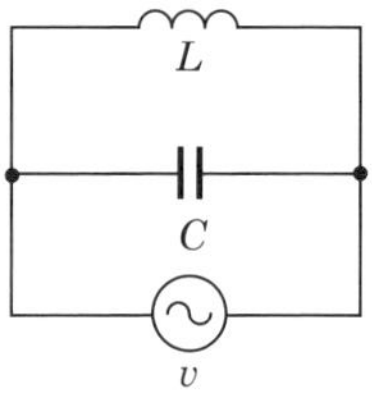

図 3·13

4．図の回路の合成容量Cを求めよ．ただし，$C_1=200\mu$F，$C_2=800\mu$F，$C_3=600\mu$Fとする．

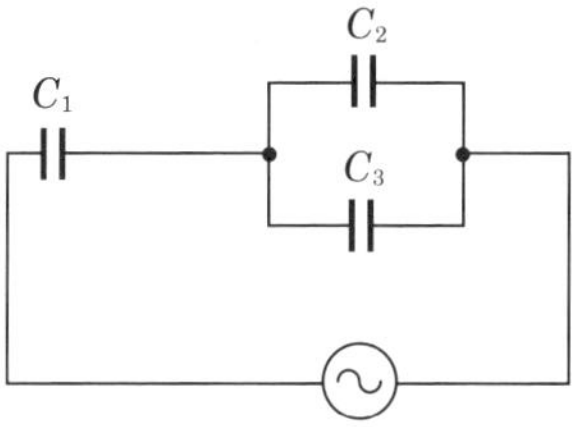

図 3·14

5．ある交流電圧vを200mHのインダクタンスに加えたら，$i=10\sin\{60\pi t-(1/2)\pi\}$〔A〕の電流が流れた．$v$の瞬時値を求めよ．

第4章

交流回路の計算

交流回路の計算は，抵抗R，インダクタンスL，コンデンサCによる抵抗要素（インピーダンス）を求め，電圧（交流電圧）と電流（交流電流）の関係を明らかにすることである．また，電圧と電流の位相差であるインピーダンス角の計算も必要となる．本章ではRLC直列回路とRLC並列回路について解説する．また，交流回路で消費される“電力”や一定時間内の消費電力を表す“電力量”の計算法について解説する．

キーワード　*RLC*直列回路，*RLC*並列回路，合成インピーダンス，インピーダンス角，共振，電圧拡大率，電流拡大率，有効電力，皮相電力，無効電力，力率

4.1 RLC直列回路

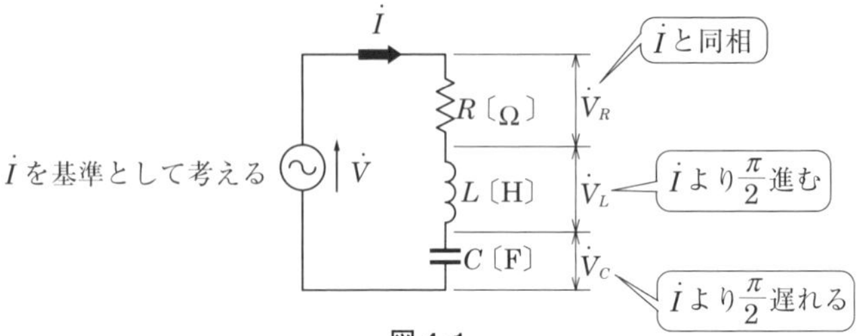

図 4·1

(a) RLC直列回路の合成インピーダンス

$$Z = \sqrt{R^2 + (X_L - X_C)^2} = \sqrt{R^2 + \left(\omega L - \frac{1}{\omega C}\right)^2}\ 〔\Omega〕$$

(b) インピーダンス角θ

インピーダンス角θは，電圧$\dot{V}$と電流$\dot{I}$（抵抗Rに加わる電圧$\dot{V}_R$と同相）との位相差を示す．電圧に対する電流の位相の遅れ角（電流に対する電圧の進み角）を示す．

$$\theta = \tan^{-1}\frac{V_L - V_C}{V_R} = \tan^{-1}\frac{X_L - X_C}{R} = \tan^{-1}\frac{\omega L - (1/\omega C)}{R}$$

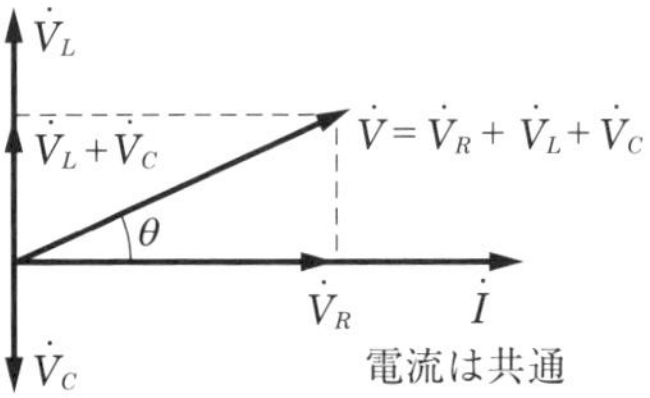

$\dot{I}$を基準とし$\dot{V}$の位相がθ進む場合

図 4·2

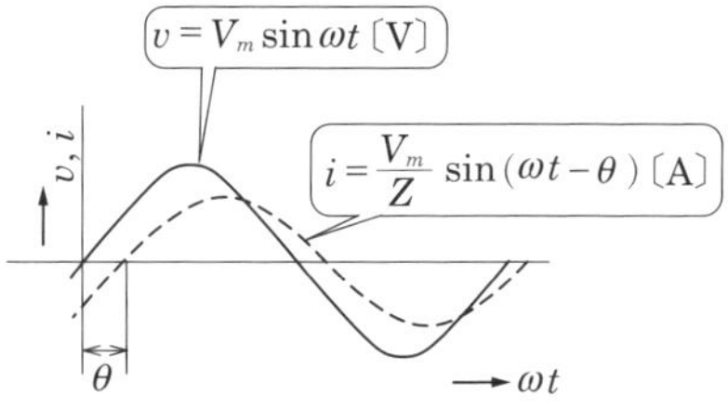

vを基準としiの位相がθ遅れる場合

図 4·3

(c) 電流と各素子に加わる電圧

RLC直列回路では，実効値$I = V / Z$〔A〕，瞬時値$i = \sqrt{2}\ (V / Z)\ \sin(\omega t - \theta)$〔A〕の電流が$R$，$L$，$C$に共通に流れる．各素子に加わる電圧を表4·1に示す．

表 4·1

素子	電　圧〔V〕	
	実　効　値	瞬　時　値
R	$V_R = IR$	$v_R = \sqrt{2} IR \sin\omega t$
L	$V_L = IX_L = I\omega L$	$v_L = \sqrt{2} I\omega L \sin\{\omega t + (\pi/2)\}$
C	$V_C = IX_C = I\frac{1}{\omega C}$	$v_C = \sqrt{2} I \frac{1}{\omega C}\sin\{\omega t - (\pi/2)\}$

例題 4.1　RLC 直列回路のインピーダンス Z およびインピーダンス角 θ を求めよ．また，回路を流れる電流 i，各素子に加わる電圧 v_R，v_L，v_C を瞬時値で示せ．ただし，$v = 100\sqrt{2}\sin 50\pi t$〔V〕とする．

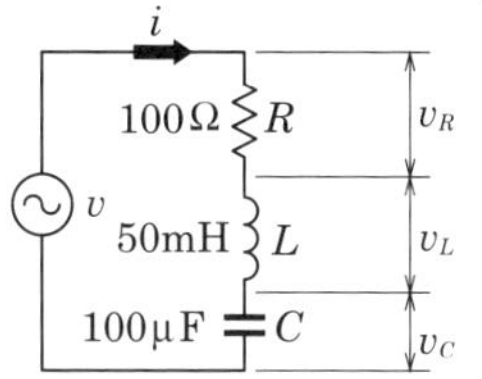

解　RLC 直列回路に関して，インピーダンスは $Z = \sqrt{R^2 + \left(\omega L - \frac{1}{\omega C}\right)^2}$，インピーダンス角は $\theta = \tan^{-1}\frac{\omega L - \frac{1}{\omega C}}{R}$ で求める．電流の瞬時値は $i = (V_m / Z)\sin(\omega t - \theta)$ で求める．各素子に加わる電圧は，オームの法則に i を代入して求める．

$$Z = \sqrt{R^2 + \left(\omega L - \frac{1}{\omega C}\right)^2} = \sqrt{100^2 + \left(50\pi \times 50 \times 10^{-3} - \frac{1}{50\pi \times 100 \times 10^{-6}}\right)^2}$$

$$\fallingdotseq 115\,\Omega$$

$$\theta = \tan^{-1}\frac{\omega L - \frac{1}{\omega C}}{R} = \tan^{-1}\frac{50\pi \times 50 \times 10^{-3} - \frac{1}{50\pi \times 100 \times 10^{-6}}}{100}$$

$$\fallingdotseq \tan^{-1} - 0.56 \fallingdotseq -29.2^\circ$$

$$i = \frac{V_m}{Z}\sin(\omega t - \theta) = \frac{100\sqrt{2}}{115}\sin(50\pi t + 29.2^\circ)$$

$$\fallingdotseq 1.23\sin(50\pi t + 29.2^\circ)\ 〔\mathrm{A}〕$$

$$v_R = I_m R\sin(50\pi t + 29.2^\circ) = 1.23 \times 100\sin(50\pi t + 29.2^\circ)$$

$$= 123\sin(50\pi t + 29.2^\circ)\ 〔\mathrm{V}〕$$ （v_R は i と同相）

$$v_L = I_m X_L \sin\left(50\pi t + 29.2^\circ + \frac{\pi}{2}\right)$$ （v_L は i より $\frac{\pi}{2}$ 進む）

$$= 1.23 \times 50\pi \times 50 \times 10^{-3}\sin(50\pi t + 29.2^\circ + 90^\circ)$$

$$\fallingdotseq 9.66\sin(50\pi t + 119^\circ)\ 〔\mathrm{V}〕$$

$$v_C = I_m X_C \sin\left(50\pi t + 29.2^\circ - \frac{\pi}{2}\right)$$ （v_C は i より $\frac{\pi}{2}$ 遅れる）

$$= 1.23 \times \frac{1}{50\pi \times 100 \times 10^{-6}}\sin(50\pi t + 29.2^\circ - 90^\circ)$$

$$\fallingdotseq 78.3\sin(50\pi t - 60.8^\circ)\ 〔\mathrm{V}〕$$

答　$i = 1.23\sin(50\pi t + 29.2°)$〔A〕，$v_R = 123\sin(50\pi t + 29.2°)$〔V〕
$v_L = 9.66\sin(50\pi t + 119°)$〔V〕，$v_C = 78.3\sin(50\pi t - 60.8°)$〔V〕

例題 4.2　図の RLC 直列回路において，$\dot{I} = 5\angle 0$〔A〕，$R = 5\Omega$，$X_L = 4\Omega$，$X_C = 2\Omega$ のとき，それぞれの素子に加わる電圧 $\dot{V}_R$，$\dot{V}_L$，$\dot{V}_C$ およびこれらの合成ベクトル $\dot{V}$ を図示せよ．

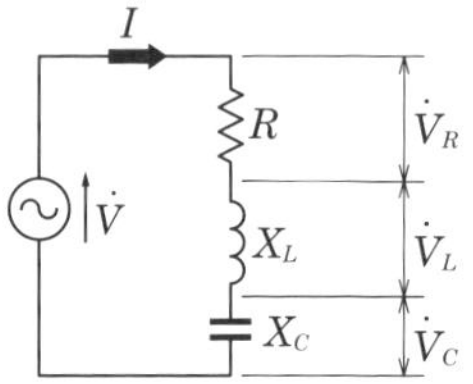

解　R，L，C に交流電流を流した場合，電圧の大きさは，オームの法則より〔素子のインピーダンス × 電流値〕で求めることができる．各素子に加わる電圧（起電力）の位相は，電流の位相に対して R：同相，L：$\pi/2$ 進み（$+\pi/2$），C：$\pi/2$ 遅れる（$-\pi/2$）．

$I = 5$A，$\theta = 0$rad なので，

$\dot{V}_R = IR\angle 0 = 5 \times 5\angle 0 = 25\angle 0$〔V〕

$\dot{V}_L = IX_L\angle \pi/2 = 5 \times 4\angle \pi/2 = 20\angle \pi/2$〔V〕

$\dot{V}_C = IX_C\angle -\pi/2 = 5 \times 2\angle -\pi/2 = 10\angle -\pi/2$〔V〕

答　$\dot{V}_R = 25\angle 0$〔V〕，$\dot{V}_L = 20\angle \pi/2$〔V〕，$\dot{V}_C = 10\angle -\pi/2$〔V〕

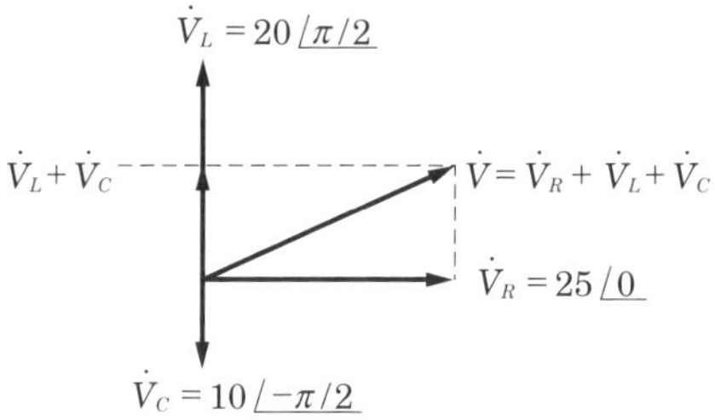

練習問題

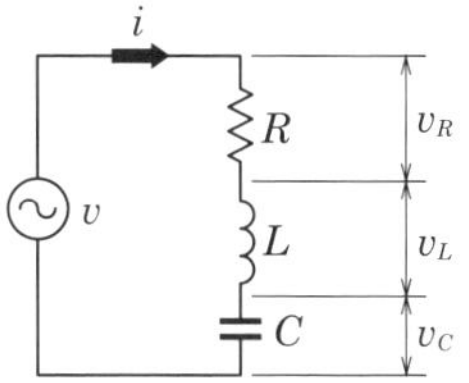

4.1 図を参照し，次の文の（①）～（⑧）に適当な語句や記号を記入せよ．

この回路はRLC（①）回路と呼ばれ，この回路のインピーダンスは，R〔Ω〕，L〔H〕，C〔F〕，角周波数ωの値を用い，$Z=$（②）〔Ω〕で表される．また，電圧vの位相に対する電流iの位相の（③）をインピーダンス角θと呼び，$\theta=$（④）で求まる．また，$v=V_m\sin\omega t$〔V〕の場合，回路を流れる電流iは，Zとθを用いて$i=$（⑤）〔A〕で示される．回路を$i=I_m\sin\omega t$〔A〕の電流が流れるとき，R，L，Cに発生する起電力は$v_R=$（⑥）〔V〕，$v_L=$（⑦）〔V〕，$v_C=$（⑧）〔V〕となる．

4.2 次の回路に100V，50Hzの電圧を加えたときに流れる電流Iを実効値で答えよ．

(1) $R=5\text{k}\Omega$，$C=5\mu\text{F}$の直列回路　　(2) $R=5\text{k}\Omega$，$L=20\text{H}$の直列回路

4.3 $R=5\text{k}\Omega$，$X_L=4\text{k}\Omega$，$X_C=2\text{k}\Omega$のRLC直列回路のインピーダンスZとインピーダンス角θを求めよ．

4.4 $R=10\Omega$，$L=5\text{mH}$，$C=100\mu\text{F}$のRLC直列回路に50Hzの電圧を加えたときのインピーダンスZとインピータンス角θを求めよ．

4.5 $R=1\Omega$，$X_L=2\Omega$，$X_C=1\Omega$のRLC直列回路に$1\angle 0$〔A〕の電流を流したとき，R，L，Cに発生する起電力$\dot{V}_R$，$\dot{V}_L$，$\dot{V}_C$のベクトル式を求め図示せよ．また，図より回路全体の電圧$\dot{V}$（$\dot{V}_R$，$\dot{V}_L$，$\dot{V}_C$の合成ベクトル）を求めよ．

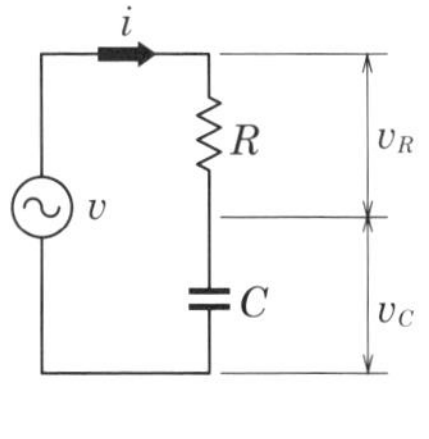

4.6 図の回路のインピーダンスZとインピーダンス角θを求めた後，i，v_R，v_Cを瞬時値で示せ．ただし，$v=100\sqrt{2}\sin 10\pi t$〔V〕，$R=2\text{k}\Omega$，$C=10\mu\text{F}$とする．

4.2 RLC並列回路

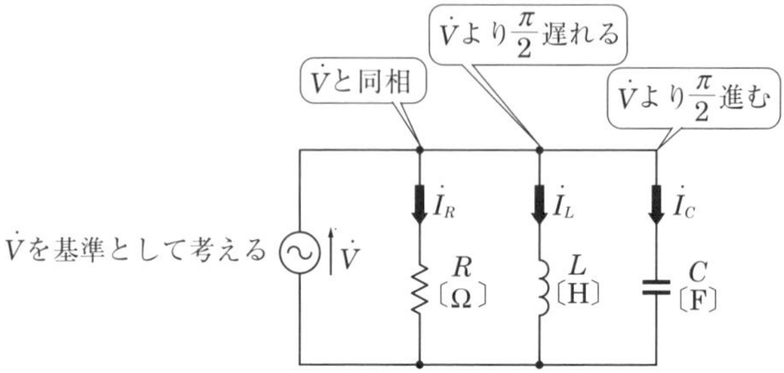

図 4・4

(a) RLC並列回路の合成インピーダンス

$$Z=\frac{1}{\sqrt{\left(\frac{1}{R}\right)^2+\left(\frac{1}{X_L}-\frac{1}{X_C}\right)^2}}=\frac{1}{\sqrt{\left(\frac{1}{R}\right)^2+\left(\omega C-\frac{1}{\omega L}\right)^2}}\text{〔Ω〕}$$

(b) インピーダンス角 θ

インピーダンス角θは，電圧$\dot{V}$（抵抗Rに流れる電流$\dot{I}_R$と同相）と電流$\dot{I}$との位相差を示す．電圧に対する電流の位相の遅れ角（電流に対する電圧の進み角）を示す．

$$\theta=\tan^{-1}\frac{I_L-I_C}{I_R}=\tan^{-1}\frac{\frac{1}{X_L}-\frac{1}{X_C}}{\frac{1}{R}}=\tan^{-1}\frac{\frac{1}{\omega L}-\omega C}{\frac{1}{R}}$$

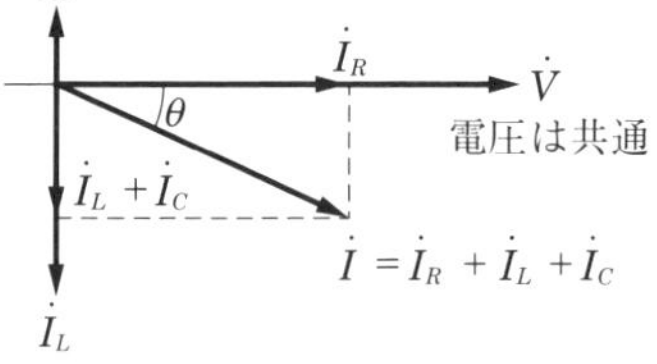

$\dot{V}$を基準とし$\dot{I}$の位相がθ遅れる場合

図 4・5

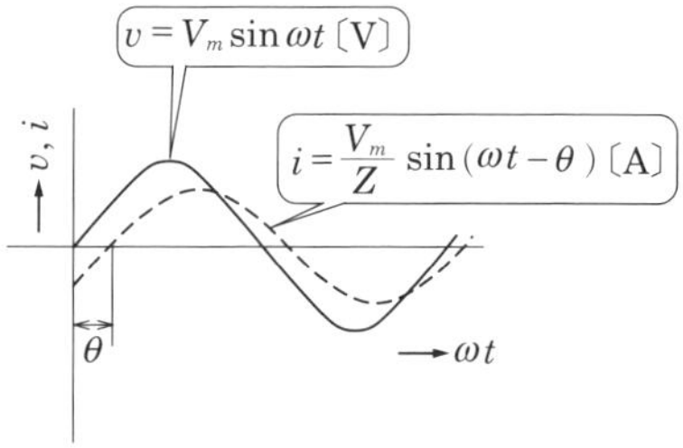

vを基準としiの位相がθ遅れる場合

図 4・6

表 4·2

素子	電　流〔A〕	
	実　効　値	瞬　時　値
R	$I_R = \dfrac{V}{R}$	$i_R = \sqrt{2}\dfrac{V}{R}\sin\omega t$
L	$I_L = \dfrac{V}{X_L} = \dfrac{V}{\omega L}$	$i_L = \sqrt{2}\dfrac{V}{\omega L}\sin\left(\omega t - \dfrac{\pi}{2}\right)$
C	$I_C = \dfrac{V}{X_C} = V\omega C$	$i_C = \sqrt{2}V\omega C\sin\left(\omega t + \dfrac{\pi}{2}\right)$

例題 4.3　図の RLC 並列回路のインピーダンス Z およびインピーダンス角 θ を求めよ．また，回路を流れる電流 i，各素子に流れる電流 i_R，i_L，i_C を瞬時値で示せ．ただし，$v = 100\sqrt{2}\sin 50\pi t$〔V〕とする．

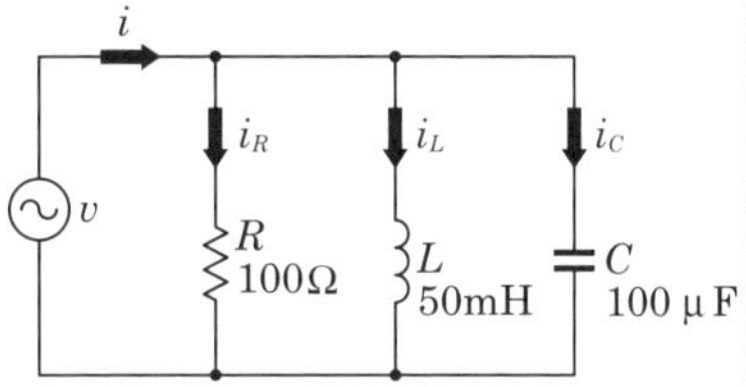

解　RLC 並列回路に関して，インピーダンスは $Z = 1/\sqrt{(1/R)^2 + \{(1/\omega L) - \omega C\}^2}$，インピーダンス角は $\theta = \tan^{-1}[\{(1/\omega L) - \omega C\}/(1/R)]$ で求まり，電流の瞬時値は $i = (V_m/Z)\ \sin(\omega t - \theta)$ で求める．各素子に流れる電流は，オームの法則に v を代入して求める．

$$Z = \frac{1}{\sqrt{\left(\dfrac{1}{R}\right)^2 + \left(\dfrac{1}{\omega L} - \omega C\right)^2}}$$

$$= \frac{1}{\sqrt{\left(\dfrac{1}{100}\right)^2 + \left(\dfrac{1}{50\pi \times 50 \times 10^{-3}} - 50\pi \times 100 \times 10^{-6}\right)^2}} \fallingdotseq 8.92\Omega$$

$$\theta = \tan^{-1}\frac{\dfrac{1}{\omega L} - \omega C}{\dfrac{1}{R}} = \tan^{-1}\frac{\dfrac{1}{50\pi \times 50 \times 10^{-3}} - 50\pi \times 100 \times 10^{-6}}{\dfrac{1}{100}}$$

$$\fallingdotseq \tan^{-1} 11.16 \fallingdotseq 84.9^\circ$$

$$i = \frac{V_m}{Z}\sin(\omega t - \theta) = \frac{100\sqrt{2}}{8.92}\sin(50\pi t - 84.9^\circ)$$

$$\fallingdotseq 15.9\sin(50\pi t - 84.9^\circ)\text{〔A〕}$$

$$i_R = \frac{V_m}{R}\sin(50\pi t) = \frac{100\sqrt{2}}{100}\sin(50\pi t) \fallingdotseq 1.41\sin(50\pi t)\text{〔A〕}$$

$$i_L = \frac{V_m}{X_L}\sin\left(50\pi t - \frac{\pi}{2}\right) \quad \left(i_L \text{はvより}\frac{\pi}{2}\text{遅れる}\right)$$

$$= \frac{100\sqrt{2}}{50\pi \times 50 \times 10^{-3}}\sin(50\pi t - 90^\circ) \fallingdotseq 18.0\sin(50\pi t - 90^\circ)\ 〔\mathrm{A}〕$$

$$i_C = \frac{V_m}{X_C}\sin\left(50\pi t + \frac{\pi}{2}\right) \quad \left(i_C \text{はvより}\frac{\pi}{2}\text{進む}\right)$$

$$= \frac{100\sqrt{2}}{\dfrac{1}{50\pi \times 100 \times 10^{-6}}}\sin(50\pi t + 90^\circ) \fallingdotseq 2.22\sin(50\pi t + 90^\circ)\ 〔\mathrm{A}〕$$

答　$Z = 8.92\Omega$，$\theta = 84.9^\circ$，$i = 15.9\sin(50\pi t - 84.9^\circ)$〔A〕，
$i_R = 1.41\sin(50\pi t)$〔A〕，$i_L = 18.0\sin(50\pi t - 90^\circ)$〔A〕，
$i_C = 2.22\sin(50\pi t + 90^\circ)$〔A〕

例題 4.4

図のRLC並列回路において，$\dot{V} = 20\angle 0$〔A〕，$R = 5\Omega$，$X_L = 4\Omega$，$X_C = 2\Omega$のとき，それぞれの素子に加わる電圧$\dot{I}_R$，$\dot{I}_L$，$\dot{I}_C$およびこれらの合成ベクトル$\dot{I}$を図示せよ．

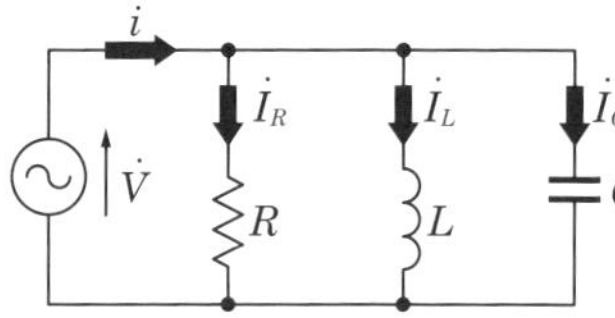

解　R，L，Cに交流電圧を加えた場合，電流の大きさは，オームの法則より〔電圧値 / 各素子のインピーダンス〕で求めることができる．各素子を流れる電流の位相は，電圧の位相に対してR：同相，L：$\pi/2$遅れ（$-\pi/2$），C：$\pi/2$進む（$+\pi/2$）．

$V = 20\mathrm{V}$，$\theta = 0\,\mathrm{rad}$なので

$$\dot{I}_R = \frac{V}{R} = \frac{20}{5}\angle 0 = 4\angle 0 \ 〔\mathrm{A}〕$$

$$\dot{I}_L = \frac{V}{X_L} = \frac{20}{4}\angle -\frac{\pi}{2} = 5\angle -\frac{\pi}{2} \ 〔\mathrm{A}〕$$

$$\dot{I}_C = \frac{V}{X_C} = \frac{20}{2}\angle \frac{\pi}{2} = 10\angle \frac{\pi}{2} \ 〔\mathrm{A}〕$$

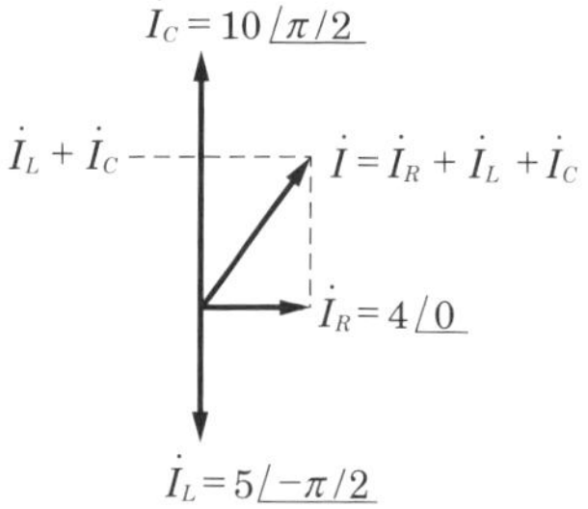

答　$\dot{I}_R = 4\angle 0$〔A〕，$\dot{I}_L = 5\angle -\pi/2$〔A〕，$\dot{I}_C = 10\angle \pi/2$〔A〕

練習問題

4.7 図を参照し，次の文の（①）～（⑧）に適当な語句や記号を記入せよ．

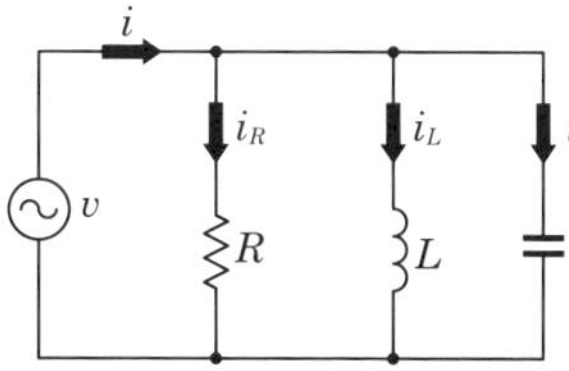

この回路はRLC（①）回路と呼ばれ，この回路のインピーダンスは，R〔Ω〕，L〔H〕，C〔F〕，角周波数ωの値を用い，$Z=$（②）〔Ω〕で表される．また，電圧vの位相に対する電流iの位相の（③）をインピーダンス角θと呼び，$\theta=$（④）で求まる．また，$v=V_m\sin\omega t$〔V〕の場合，回路を流れる電流iは，Zとθを用いて$i=$（⑤）〔A〕で示される．各素子を流れる電流は$i_R=$（⑥）〔A〕，$i_L=$（⑦）〔A〕，$i_C=$（⑧）〔A〕となる．

4.8 次の回路に100V，50Hzの電圧を加えたときに流れる電流Iを実効値で答えよ．
(1) $R=5\mathrm{k}\Omega$，$C=5\mu\mathrm{F}$の並列回路　(2) $R=5\mathrm{k}\Omega$，$L=20\mathrm{H}$の並列回路

4.9 $R=5\mathrm{k}\Omega$，$X_L=4\mathrm{k}\Omega$，$X_C=2\mathrm{k}\Omega$のRLC並列回路のインピーダンスZとインピーダンス角θを求めよ．

4.10 $R=10\Omega$，$L=5\mathrm{mH}$，$C=100\mu\mathrm{F}$のRLC並列回路に50Hzの電圧を加えたときのインピ－ダンスZとインピーダンス角θを求めよ．

4.11 $R=5\Omega$，$X_L=5\Omega$，$X_C=2.5\Omega$のRLC並列回路に$100\angle 0$〔V〕の電圧を加えたとき，R，L，Cに流れる電流$\dot{I}_R$，$\dot{I}_L$，$\dot{I}_C$のベクトル式をもとめ，図示せよ．また，図より回路全体を流れる電流$\dot{I}$（$\dot{I}_R$，$\dot{I}_L$，$\dot{I}_C$の合成ベクトル）を求めよ．

4.12 図の回路のインピーダンスZとインピーダンス角θを求めた後，i，i_R，i_Lを瞬時値で示せ．ただし，$v=100\sqrt{2}\sin 10\pi t$〔V〕，$R=40\Omega$，$L=1\mathrm{H}$とする．

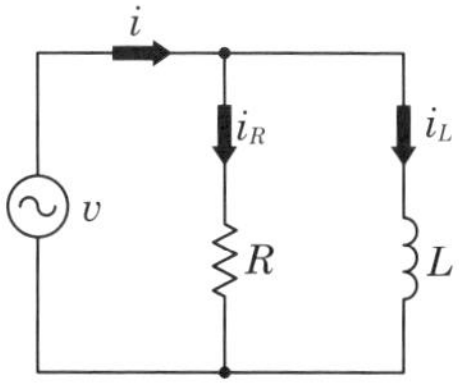

4.3 共振回路

RLC直列回路およびRLC並列回路において，コイルLの誘導リアクタンスX_LとコンデンサCの容量リアクタンスX_Cが等しいとき，回路は共振状態になる．

表4・3

<table>
<tr><th>共振の種類</th><th>RLC直列共振</th><th>RLC並列共振</th></tr>
<tr><td>回　　路</td><td>RLC直列回路
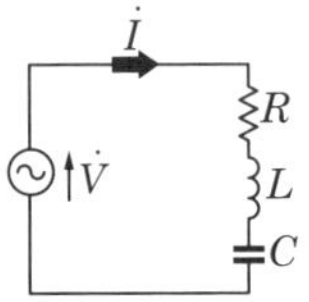</td><td>RLC並列回路
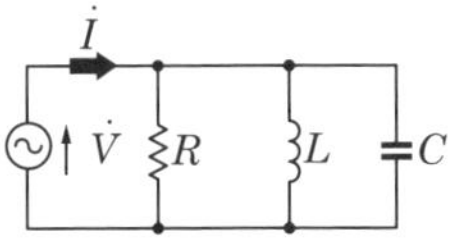</td></tr>
<tr><td>共振状態</td><td>電源周波数を変化させ，電流Iが最大となる状態
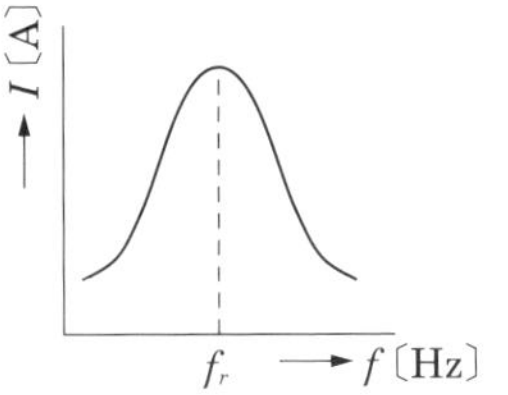</td><td>電源周波数を変化させ，電流Iが最小となる状態
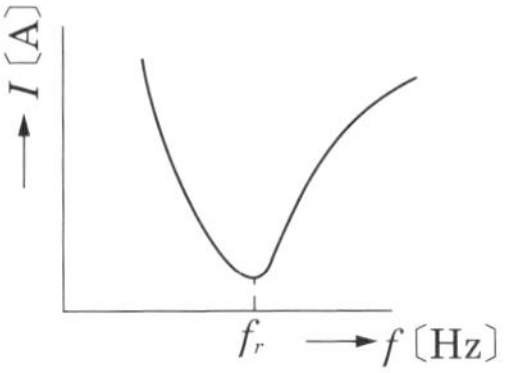</td></tr>
<tr><td>共振条件</td><td colspan="2">$X_L=X_C$，$(\omega L=1/\omega C)$</td></tr>
<tr><td>共振周波数</td><td colspan="2">$f_r=\dfrac{1}{2\pi\sqrt{LC}}$〔Hz〕$\left(\omega L=\dfrac{1}{\omega C}\text{より}\ \omega=\dfrac{1}{\sqrt{LC}},\ \omega=2\pi f\ \text{なので}\ f=\dfrac{1}{2\pi\sqrt{LC}}\right)$</td></tr>
<tr><td>共振時のインピーダンス</td><td>$Z_r=R$〔Ω〕
$(X_L=X_C$より　$Z=\sqrt{R^2+0}=R$〔Ω〕$)$</td><td>$Z_r=R$〔Ω〕
$(X_L=X_C$より　$Z=\dfrac{1}{\sqrt{(1/R)^2}}=R$〔Ω〕$)$</td></tr>
<tr><td>共振時の電流</td><td>$I_r=V/R$〔A〕（最大となる）</td><td>$I_r=V/R$〔A〕（最小となる）</td></tr>
<tr><td>共振時のインピーダンス角</td><td>$\theta_r=0\,(X_L=X_C$より
$\theta=\tan^{-1}\dfrac{X_L-X_C}{R}=\tan^{-1}0=0)$</td><td>$\theta_r=0\,(X_L=X_C$より
$\theta=\tan^{-1}\dfrac{(1/X_L)-(1/X_C)}{(1/R)}=\tan^{-1}0=0)$</td></tr>
<tr><td>Q</td><td>$Q=\dfrac{\omega L}{R}=\dfrac{1}{\omega CR}$（電圧拡大率または選択度という）</td><td>$Q=\dfrac{\omega L}{R}=\dfrac{1}{\omega CR}$（電流拡大率という）</td></tr>
</table>

例題 4.5

図の RLC 直列回路において，次の問に答えよ．

(1) 共振周波数 f_r を求めよ．

(2) 共振時の誘導リアクタンス X_L および容量リアクタンス X_C を求めよ．

(3) 共振時の電流 I_r を求めよ．

(4) 接続を RLC 並列回路にし，f_r，X_L，X_C，I_r を求めよ．

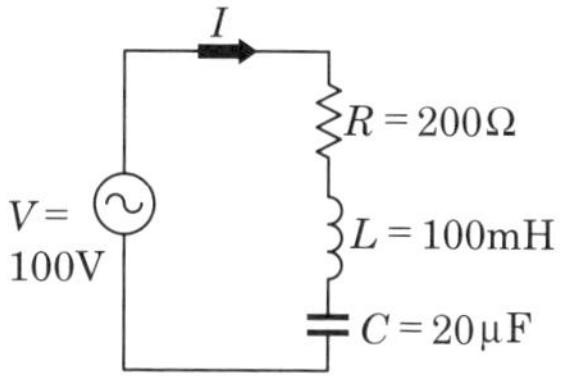

解 (1) 共振周波数 $f_r = 1/\left(2\pi\sqrt{LC}\right)$〔Hz〕であるので，

$$f_r = \frac{1}{2\pi\sqrt{LC}} = \frac{1}{2\pi\sqrt{100\times10^{-3}\times20\times10^{-6}}} = \frac{1}{2\pi\sqrt{2}\times10^{-3}}$$

$$= \frac{250\sqrt{2}}{\pi} \fallingdotseq 113\,\mathrm{Hz}$$

(2) 共振周波数 f_r より共振時の角周波数 ω を求め，誘導リアクタンス $X_L = \omega L$，容量リアクタンス $X_C = 1/\omega C$ を求める．

$$\omega = 2\pi f_r = 2\pi\times\frac{250\sqrt{2}}{\pi} = 500\sqrt{2}\,\mathrm{rad/s}$$

$$X_L = \omega L = 500\sqrt{2}\times100\times10^{-3} \fallingdotseq 70.7\,\Omega$$

$$X_C = \frac{1}{\omega C} = \frac{1}{500\sqrt{2}\times20\times10^{-6}} \fallingdotseq 70.7\,\Omega$$ （共振時の X_L と X_C は等しい）

(3) 共振時の電流 $I_r = V/R$（実効値）であるので，

$$I_r = \frac{V}{R} = \frac{100}{200} = 0.5\,\mathrm{A}$$

(4) RLC 直列回路と RLC 並列回路の f_r，X_L，X_C，I_r は同じである．

答 (1) $f_r = 113\mathrm{Hz}$　(2) $X_L = X_C = 70.7\Omega$

(3) $I_r = 0.5\mathrm{A}$　(4) RLC 直列回路と同じ

例題 4.6 図のRLC直列回路において次の問に答えよ．

（1）共振周波数f_rはいくらか．

（2）共振電流I_rはいくらか．

（3）共振時の$\dot{V}_R$，$\dot{V}_L$，$\dot{V}_C$の大きさV_R，V_L，V_Cはいくらか．

（4）共振時の（$\dot{V}_{ab}$）の大きさV_{ab}はいくらか．

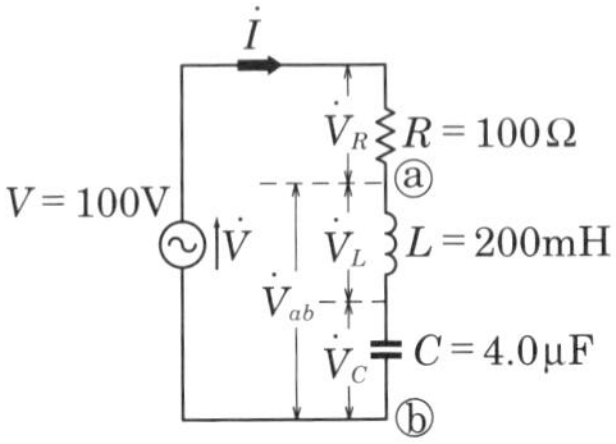

解（1）$f_r = 1/\left(2\pi\sqrt{LC}\right)$〔Hz〕より，

$$f_r = \frac{1}{2\pi\sqrt{LC}} = \frac{1}{2\pi\sqrt{20\times10^{-3}\times4.0\times10^{-6}}} = \frac{1}{4\pi\sqrt{2}\times10^{-4}} = \frac{1\,250\sqrt{2}}{\pi}$$
$$\fallingdotseq 563\text{Hz}$$

（2）$I_r = V/R$ より，

$$I_r = \frac{V}{R} = \frac{100}{100} = 1\text{A}$$

（3）$V_R = I_rR$，$V_L = I_rX_L$，$V_C = I_rX_C$ より，

$$V_R = I_rR = 1\times100 = 100\,\text{V}$$

$$\omega = 2\pi f_r = 2\pi\frac{1250\sqrt{2}}{\pi} = 2500\sqrt{2}\,\text{rad/s}$$

$$X_L = \omega L = 2500\sqrt{2}\times20\times10^{-3} \fallingdotseq 70.7\,\Omega$$

$$X_C = \frac{1}{\omega C} = \frac{1}{2500\sqrt{2}\times4.0\times10^{-6}} \fallingdotseq 70.7\,\Omega$$

$$V_L = I_rX_L = 1\times70.7 = 70.7\,\text{V}$$

$$V_C = I_rX_C = 1\times70.7 = 70.7\,\text{V}$$

（4）$\dot{V}_R$，$\dot{V}_L$，$\dot{V}_C$をベクトル図に示し，合成ベクトル$\dot{V}_{ab}$の大きさを求める．

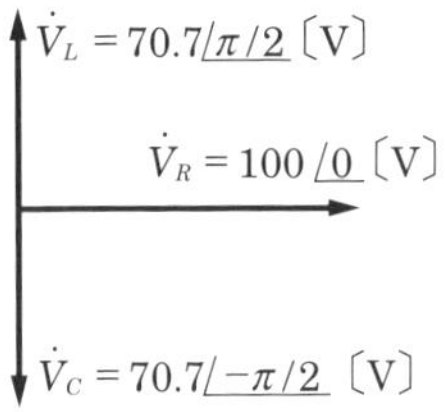

図より $\dot{V}_{ab} = \dot{V}_L + \dot{V}_C = 0\angle 0$〔V〕

$\therefore\ \ V_{ab} = 0\text{V}$

答（1）563Hz　（2）1A

（3）$V_R = 100\text{V}$，$V_L = 70.7\text{V}$，$V_C = 70.7\text{V}$　（4）0V

練習問題

4.13 次の文の（①）～（⑥）に適当な語句や記号を記入せよ．

R〔Ω〕，L〔H〕，C〔F〕の RLC 直列回路において，電源の周波数を変化させていくと，回路を流れる電流が（①）になるところがある．この状態を（②）といい，このときの周波数は f_r＝（③）〔Hz〕となる．また，R〔Ω〕，L〔H〕，C〔F〕の RLC 並列回路において，電源の周波数を変化させていくと，回路を流れる電流が（④）になるところがある．この状態を（⑤）といい，このときの周波数は f_r＝（⑥）〔Hz〕となる．

4.14 図の RLC 直列回路における共振時の電圧値 V_R，V_L，V_C を求めよ．また，この回路の電圧拡大率 Q を求めよ．

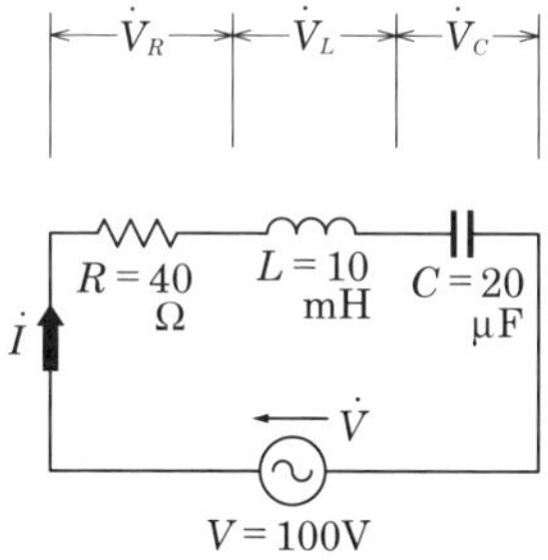

4.15 図の RLC 並列回路における共振時の電流値 I，I_R，I_L，I_C を求めよ．また，この回路の電流拡大率 Q を求めよ．

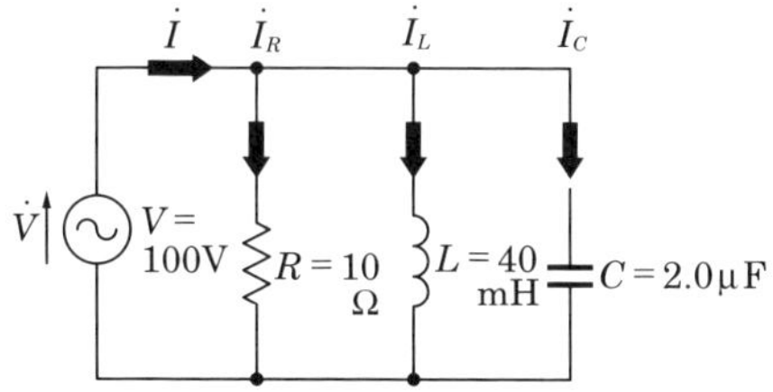

4.16 交流電源が50kHzのときに共振する RLC 直列回路を作るとき，インダクタンス L＝250mH対して，コンデンサ C の容量をいくらにすればよいか．

4.4 交流電力

交流回路においても，直流回路と同様に電気エネルギーが消費され，電力となる．交流の場合は，有効電力，皮相電力，無効電力と区別され扱われる．

表 4·4

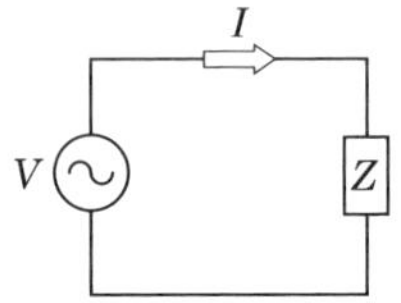

V：電圧（実効値）
I：電流（実効値）
Z：インピーダンス
θ：インピーダンス角

有効電力（交流電力）	交流の真の電力	$P = VI\cos\theta$〔W〕
皮相電力	見かけ上の電力	$P_S = VI$〔V·A〕（ボルトアンペア）
無効電力	電力消費のない仮想電力	$P_q = VI\sin\theta$〔var〕（バール）
力　　率	有効電力と皮相電力との比	$P{\cdot}f = \dfrac{\text{有効電力}}{\text{皮相電力}} = \dfrac{VI\cos\theta}{VI} = \cos\theta$
インピーダンス角	電圧と電流の位相差	$\cos\theta = \dfrac{R}{Z}$（直列回路） $\cos\theta = \dfrac{Z}{R}$（並列回路）

例題 4.7

回路 (a)，(b) の力率，皮相電力，有効電力，無効電力を求めよ．

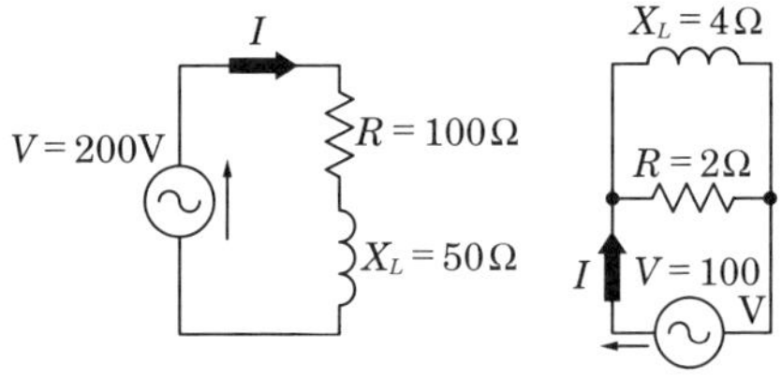

(a)　　(b)

解 回路（a）について

$$Z = \sqrt{R^2 + X_L^2} = \sqrt{100^2 + 50^2} = \sqrt{12\,500} = 50\sqrt{5}\ \Omega$$

直列回路の力率は，

$$\cos\theta = \frac{R}{Z} = \frac{100}{50\sqrt{5}} = 0.4\sqrt{5} \fallingdotseq 0.89 = 89\%$$

$$I = \frac{V}{Z} = \frac{200}{50\sqrt{5}} = \frac{4}{\sqrt{5}} = 0.8\sqrt{5}\ \mathrm{A}$$

皮相電力 $P_S = VI = 200 \times 0.8\sqrt{5} \fallingdotseq 358\ \mathrm{V \cdot A}$

有効電力 $P = VI\cos\theta = 200 \times 0.8\sqrt{5} \times 0.4\sqrt{5} = 320\ \mathrm{W}$

$$\sin\theta = \frac{\sqrt{Z^2 - R^2}}{Z} = \frac{\sqrt{\left(50\sqrt{5}\right)^2 - 100^2}}{50\sqrt{5}} = \frac{\sqrt{5}}{5}$$ （図(a)参照）

無効電力 $P_q = VI\sin\theta = 200 \times 0.8\sqrt{5} \times \frac{\sqrt{5}}{5} = 160\ \mathrm{var}$

回路（b）について

$$Z = \frac{1}{\sqrt{\left(\frac{1}{R}\right)^2 + \left(\frac{1}{X_L}\right)^2}} = \frac{1}{\sqrt{\left(\frac{1}{2}\right)^2 + \left(\frac{1}{4}\right)^2}} = 0.8\sqrt{5}\ \Omega$$

並列回路の力率は，

$$\cos\theta = \frac{Z}{R} = \frac{0.8\sqrt{5}}{2} = 0.4\sqrt{5} \fallingdotseq 0.89 = 89\%$$

$$I = \frac{V}{Z} = \frac{100}{0.8\sqrt{5}} = 25\sqrt{5}\ \mathrm{A}$$

皮相電力 $P_S = VI = 100 \times 25\sqrt{5} \fallingdotseq 5.6\mathrm{kV \cdot A}$

有効電力 $P = VI\cos\theta = 100 \times 25\sqrt{5} \times 0.4\sqrt{5} = 5.0\mathrm{kW}$

$$\sin\theta = \frac{\sqrt{R^2 - Z^2}}{R} = \frac{\sqrt{2^2 - \left(0.8\sqrt{5}\right)^2}}{2} = 0.2\sqrt{5}$$ （図(b)参照）

無効電力 $P_q = VI\sin\theta = 100 \times 25\sqrt{5} \times 0.2\sqrt{5} = 2.5\mathrm{kvar}$

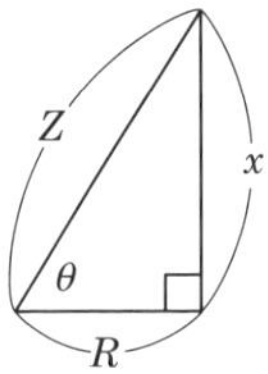

$\cos\theta = R/Z$
$\sin\theta = x/Z = \sqrt{Z^2 - R^2}/Z$

(a) 直列回路

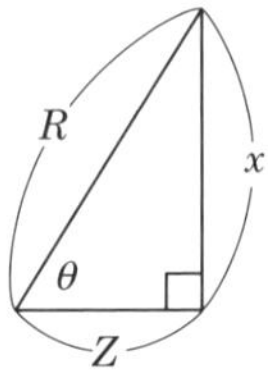

$\cos\theta = Z/R$
$\sin\theta = x/R = \sqrt{R^2 - Z^2}/R$

(b) 並列回路

答 回路 (a)：力率 $\cos\theta \fallingdotseq 89\%$，皮相電力 $P_S \fallingdotseq 358\,\mathrm{V \cdot A}$，有効電力 $P = 320\,\mathrm{W}$，無効電力 $P_q = 160\,\mathrm{var}$

回路 (b)：力率 $\cos\theta \fallingdotseq 89\%$，皮相電力 $P_S \fallingdotseq 5.6\,\mathrm{kV \cdot A}$，有効電力 $P = 5\,\mathrm{kW}$，無効電力 $P_q = 2.5\,\mathrm{kvar}$

例題 4.8 ある回路に $v = 100\sqrt{2}\sin\omega t$〔V〕の電圧を加えたとき，$i = 20\sqrt{2}\sin\{\omega t - (\pi/4)\}$〔A〕の電流が流れた．この回路の力率，有効電力，皮相電力，無効電力を求めよ．

解 インピーダンス角 $\theta = \pi/4 = 45^\circ$ より，

$$力率 \cos\theta = \cos 45^\circ = \frac{1}{\sqrt{2}} = \frac{\sqrt{2}}{2} \fallingdotseq 71\%$$

$$電圧（実効値）= \frac{V_m}{\sqrt{2}} = \frac{100\sqrt{2}}{\sqrt{2}} = 100\,\mathrm{V}$$

$$電流（実効値）= \frac{I_m}{\sqrt{2}} = \frac{20\sqrt{2}}{\sqrt{2}} = 20\,\mathrm{A}$$

$$有効電力 P = VI\cos\theta = 100 \times 20 \times \frac{\sqrt{2}}{2} \fallingdotseq 1.41\,\mathrm{kW}$$

$$皮相電力 P_S = VI = 100 \times 20 = 2.00\,\mathrm{kV \cdot A}$$

$$無効電力 P_q = VI\sin\theta = 100 \times 20 \times \frac{\sqrt{2}}{2} \fallingdotseq 1.41\,\mathrm{kvar}$$

答 力率：71％，有効電力：1.41kW，皮相電力 2.00kV·A，無効電力 1.41kvar

練習問題

4.17 次の文の（①）～（⑦）に適当な語句または記号を記入せよ．

ある回路にV〔V〕の交流電圧を加えたとき，I〔A〕の電流が流れた．このときの交流電力は，電力P=（①）〔（②）〕，無効電力P_q=（③）〔（④）〕，皮相電力P_S=（⑤）〔（⑥）〕で求められる．また，電圧と電流の位相差は力率と呼ばれ（⑦）で示される．

4.18 図の回路の容量リアクタンスとX_Cと有効電力を求めよ．

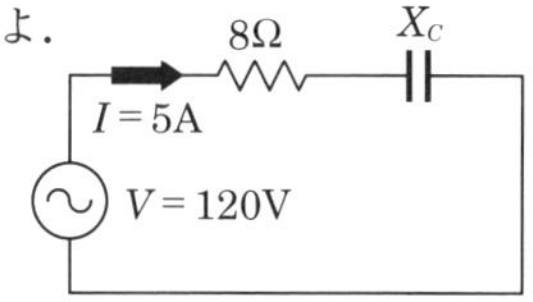

4.19 図の回路において次の（1）から（6）の値を求めよ．

（1）インピーダンスZ　（2）電圧Vと電流Iの位相差θ

（3）力率$\cos\theta$　（4）電流I

（5）皮相電力P_S　（6）消費電力P

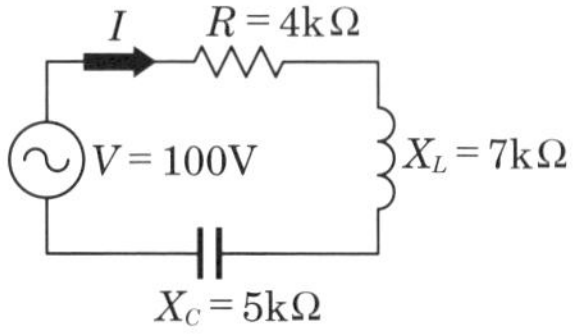

4.20 図（a）の回路に同図（b）で示される電圧vを加えたとき，次の表を完成せよ．ただし，π=3.14で計算せよ．

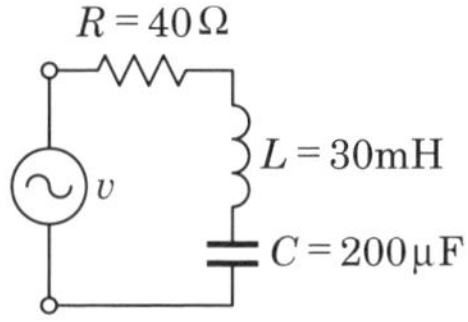

（a）

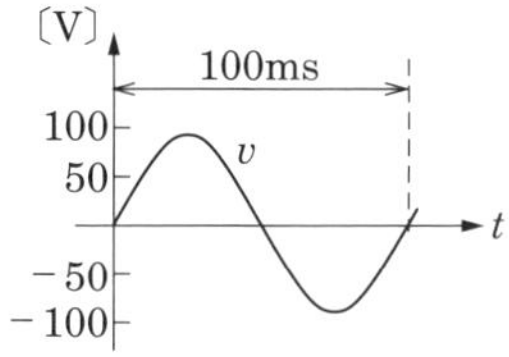

（b）

項目	時間 T	周波数 f	角周波数 ω	抵抗 R	誘導リアクタンス X_L	容量リアクタンス X_C
値	①	③	⑤	⑦	⑨	⑪
単位	②	④	⑥	⑧	⑩	⑫

項目	インピーダンス Z	最大電圧 V_m	電圧 V	電流 I	力率 $\cos\theta$	皮相電力 P_S	消費電力 P
値	⑬	⑮	⑰	⑲	㉑	㉓	㉕
単位	⑭	⑯	⑱	⑳	㉒	㉔	㉖

第4章　章末問題

1．図の回路のインピーダンスZとインピーダンス角θを求めた後，i，v_R，v_Cを瞬時値で示せ．ただし，$v=200\sqrt{2}\sin 50\pi t$〔V〕，$R=10\,\mathrm{k}\Omega$，$C=2\,\mu\mathrm{F}$とする．

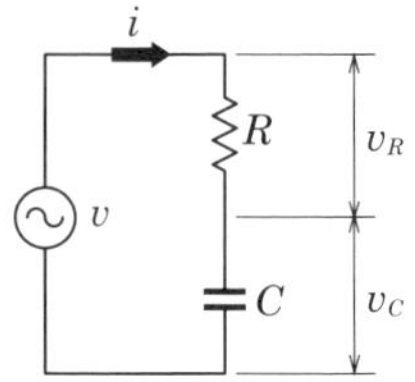

図 4·7

2．図のRLC直列回路のインピーダンスZおよびインピーダンス角θを求めた後，回路を流れる電流i，各素子に加わる電圧v_R，v_L，v_Cを瞬時値で示せ．ただし，$R=10\Omega$，$L=30\mathrm{mH}$，$C=20\mu\mathrm{F}$，$v=100\sqrt{2}\sin 60\pi t$〔V〕とする．

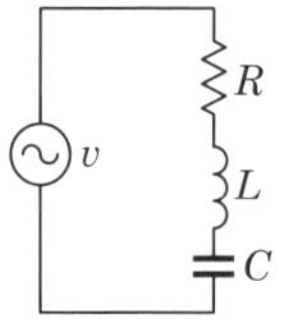

図 4·8

3．図のRLC並列回路のインピーダンスZおよびインピーダンス角θを求めよ．また，回路を流れる電流i，各素子に流れる電流i_R，i_L，i_Cを瞬時値で示せ．ただし，$R=10\Omega$，$L=30\mathrm{mH}$，$C=20\mu\mathrm{F}$，$v=100\sqrt{2}\sin 60\pi t$〔V〕とする．

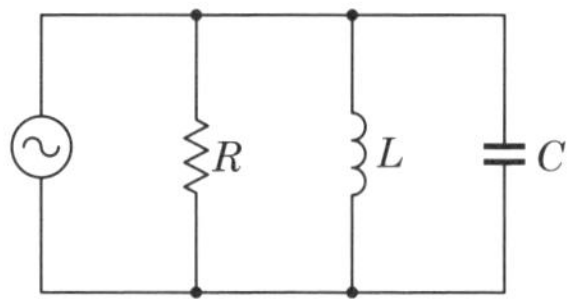

図 4·9

4．$R=100\Omega$，$L=20\mathrm{mH}$，$C=1.0\mu\mathrm{F}$のRLC直列回路における共振時の電圧値V_R，V_L，V_Cを求めよ．ただし，電源電圧$V=100\mathrm{V}$とする．また，この回路の電圧拡大率Qを求めよ．

5．ある回路に$v=200\sqrt{2}\sin 50\pi t$〔V〕の電圧を加えたとき，$i=20\sqrt{2}\sin\{50\pi t-(\pi/6)\}$〔A〕の電流が流れた．この回路の力率，有効電力，皮相電力，無効電力を求めよ．

第5章

記号法による交流回路の計算

記号法では，交流回路における電圧，電流，抵抗成分を，複素数を用いたベクトル式で表す手法である．

記号法を用いると，直流回路で学んだオームの法則，重ね合せの定理，キルヒホッフの法則などの法則を交流回路に適用することができる．

本章では，記号法を用いた交流回路の計算を学ぶ．

キーワード　極座標表示，複素数表示，記号法，交流ブリッジ，キルヒホッフの法則，重ね合せの定理

5.1 極座標表示と複素数表示

電流や電圧の大きさと方向は，**ベクトル**を用いて示すことができる．ベクトルは**極座標**や**複素数**で表される．

(a) 極座標表示と複素数表示

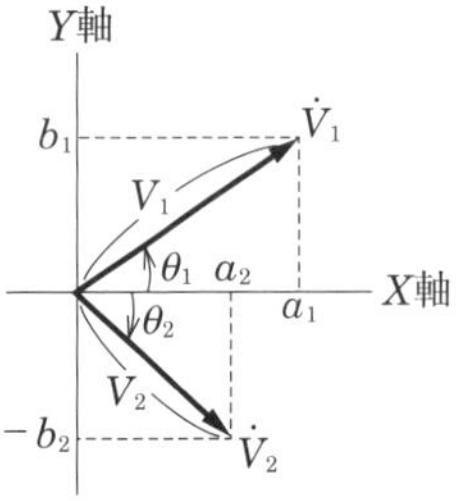

極座標表示（絶対値と角度で表す）

$\dot{V}_1 = V_1 \angle \theta_1 \qquad \dot{V}_2 = V_2 \angle -\theta_2$

複素数表示（X軸座標（実数値）とY軸座標（虚数値）で表す）

$\dot{V}_1 = a_1 + jb_1 \qquad \dot{V}_2 = a_2 - jb_2$

図 5･1

(b) 極座標表示と複素数表示の変換

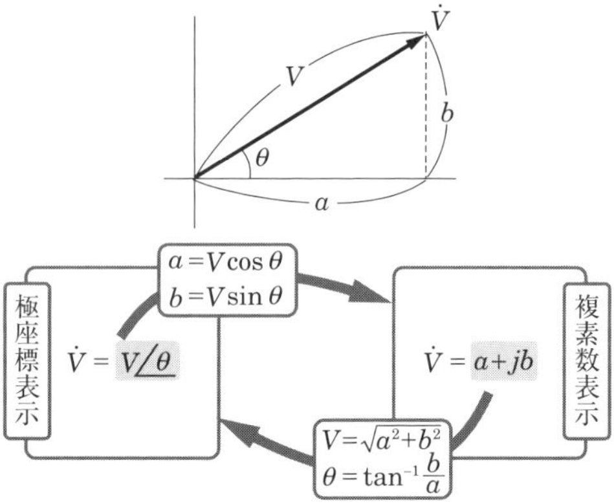

図 5･2

(c) 複素数を用いたベクトルの計算（例：$\dot{V}_1 = a_1 + jb_1$，$\dot{V}_2 = a_2 + jb_2$）

和：$\dot{V}_1 + \dot{V}_2 = (a_1 + jb_1) + (a_2 + jb_2) = a_1 + a_2 + j(b_1 + b_2)$

差：$\dot{V}_1 - \dot{V}_2 = (a_1 + jb_1) - (a_2 + jb_2) = a_1 - a_2 + j(b_1 - b_2)$

積：$\dot{V}_1 \times \dot{V}_2 = (a_1 + jb_1)(a_2 + jb_2) = a_1 a_2 - b_1 b_2 + j(a_1 b_2 + a_2 b_1)$

商：$\dot{V}_1 \div \dot{V}_2 = \dfrac{(a_1 + jb_1)}{(a_2 + jb_2)} = \dfrac{(a_1 + jb_1)(a_2 - jb_2)}{(a_2 + jb_2)(a_2 - jb_2)} = \dfrac{a_1 a_2 + b_1 b_2}{a_2^2 + b_2^2} + j\dfrac{a_2 b_1 - a_1 b_2}{a_2^2 + b_2^2}$

例題 5.1　図のベクトル$\dot{A}$, $\dot{B}$, $\dot{C}$, $\dot{D}$を複素数で表示せよ．

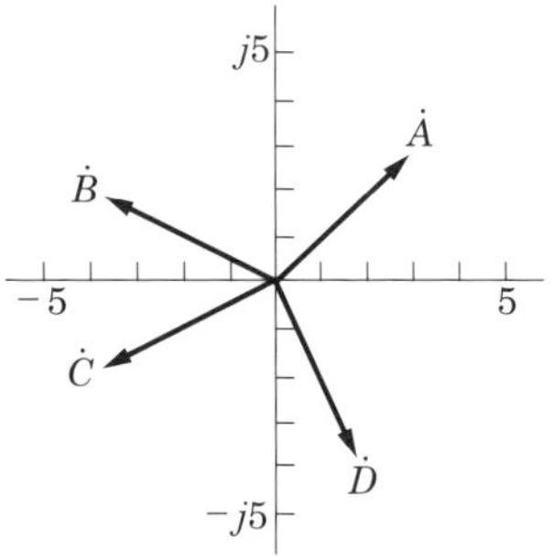

解　X軸を実数，Y軸を虚数として読み取り，$X+jY$で表す．

答　$\dot{A}=3+j3$，$\dot{B}=-4+j2$，$\dot{C}=-4-j2$，$\dot{D}=2-j4$

例題 5.2　ベクトル$\dot{A}=2-j2$, $\dot{B}=4+j2$を用いて，次の値を計算せよ．$|\ |$はベクトルの大きさを示す．

(1) $\dot{A}+\dot{B}$　(2) $|\dot{A}+\dot{B}|$　(3) $\dot{A}-\dot{B}$　(4) $|\dot{A}-\dot{B}|$

(5) $\dot{A}\times\dot{B}$　(6) $|\dot{A}\times\dot{B}|$　(7) $\dot{A}\div\dot{B}$　(8) $|\dot{A}\div\dot{B}|$

解　(1) $\dot{A}+\dot{B}=(2-j2)+(4+j2)=(2+4)-j2+j2=6$

(2) $|\dot{A}+\dot{B}|=6$

(3) $\dot{A}-\dot{B}=(2-j2)-(4+j2)=2-4-j2-j2=-2-j4$

(4) $|\dot{A}-\dot{B}|=|-2-j4|=\sqrt{(-2)^2+(-4)^2}=\sqrt{20}=2\sqrt{5}$

(5) $\dot{A}\times\dot{B}=(2-j2)\times(4+j2)=\{2\times4-(-2\times2)\}+j\{2\times2-2\times4\}=12-j4$

(6) $|\dot{A}\times\dot{B}|=|12-j4|=\sqrt{12^2+(-4)^2}=\sqrt{160}=4\sqrt{10}$

(7) $\dot{A}\div\dot{B}=\dfrac{2-j2}{4+j2}=\dfrac{(2-j2)(4-j2)}{(4+j2)(4-j2)}$

$$=\frac{2\times4-\{-2\times(-2)\}}{4^2+2^2}+j\frac{2\times(-2)+(-2)\times4}{4^2+2^2}$$

$$=\frac{1}{5}-j\frac{3}{5}$$

（8）$\left|\dot{A} \div \dot{B}\right| = \left|\frac{1}{5} - j\frac{3}{5}\right| = \sqrt{\left(\frac{1}{5}\right)^2 + \left(-\frac{3}{5}\right)^2} = \frac{\sqrt{10}}{5}$

答（1）6　（2）6　（3）$-2-j4$　（4）$2\sqrt{5}$　（5）$12-j4$
（6）$4\sqrt{10}$　（7）$1/5-j3/5$　（8）$\sqrt{10}/5$

例題 5.3　次に示すベクトルについて，極座標表示のものは複素数表示に，複素数表示のものは極座標表示に変換せよ．

（1）$5\sqrt{2}+j5\sqrt{2}$　（2）$4+j4\sqrt{3}$　（3）$-j4$　（4）$4\sqrt{2}\angle\pi/4$

（5）$5\sqrt{2}\angle 3\pi/4$

解 ベクトル図を描いて解く．

（1）$\theta = 45^\circ = \frac{\pi}{4}$，$x = \sqrt{\left(5\sqrt{2}\right)^2 + \left(5\sqrt{2}\right)^2} = 10$　∴　$10\angle\pi/4$

（2）$\theta = 60^\circ = \frac{\pi}{3}$，$x = \sqrt{4^2 + \left(4\sqrt{3}\right)^2} = 8$　∴　$8\angle\pi/3$

（3）$\theta = -90^\circ = -\frac{\pi}{2}$，$x = 4$　∴　$4\angle-\pi/2$

（4）$a = 4$，$b = 4$　∴　$4+j4$

（5）$a = -5$，$b = 5$　∴　$-5+j5$

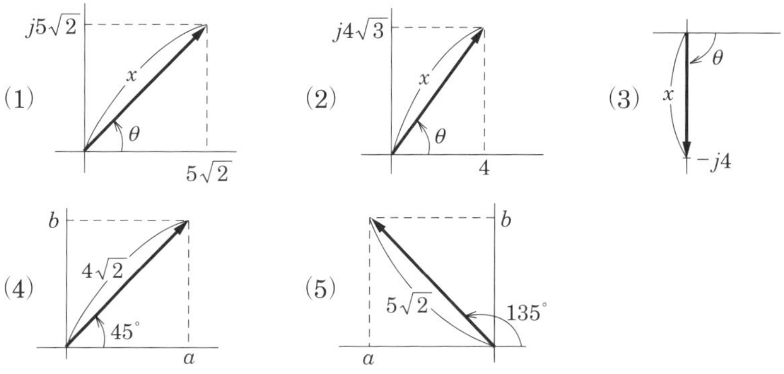

答（1）$10\angle\pi/4$　（2）$8\angle\pi/3$　（3）$4\angle-\pi/2$　（4）$4+j4$　（5）$-5+j5$

練習問題

5.1 次の複素数の計算をせよ．

(1) $3 \times j$ (2) $j + j$ (3) $j \times j$ (4) $-j2 \times j3$ (5) $3 / \{(2+j)(2-j)\}$

5.2 次のベクトルを図示せよ．

$\dot{V}_1 = 3 + j$ $\dot{V}_2 = -3 + j$ $\dot{V}_3 = 2 - j2$ $\dot{V}_4 = 4 + j3$ $\dot{V}_5 = -2 - j$

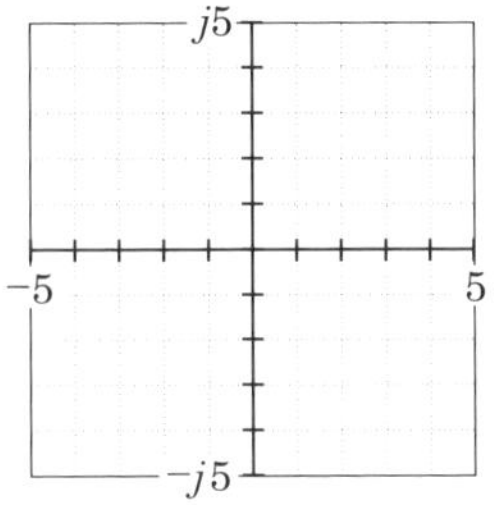

5.3 図のベクトル $\dot{A}$, $\dot{B}$, $\dot{C}$, $\dot{D}$ を極座標表示および複素数表示で示せ．

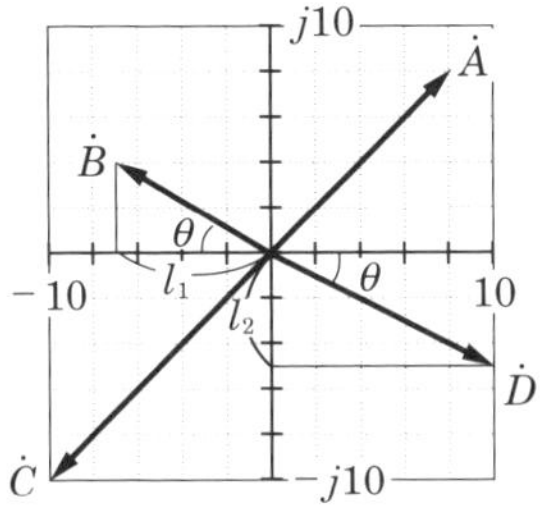

ただし，
$\theta = 30^\circ$
$l_1 = 4\sqrt{3}$
$l_2 = 5$

5.4 次のベクトルの計算をせよ．ただし $\dot{A} = 4 + j2$, $\dot{B} = -1 + j$ とする．

(1) $|\dot{A}|$ (2) $|\dot{B}|$ (3) $\dot{A} + \dot{B}$ (4) $|\dot{A} + \dot{B}|$

(5) $2\dot{A} - \dot{B}$ (6) $\dot{A} \times \dot{B}$ (7) $\dot{A} \div \dot{B}$

5.5 $v = 50\sqrt{2}\sin\omega t$〔V〕, $i = 10\sqrt{2}\sin\{\omega t + (2\pi/3)\}$〔A〕の電圧および電流を，極座標表示のベクトルと複素数表示のベクトルに変換せよ．

5.6 電圧 $\dot{V} = 100\text{V}$，電流 $\dot{I} = 10\sqrt{3} - j10$〔A〕を瞬時値で示せ．

5.2 記号法

(a) 記号法

記号法では複素数で交流回路を扱い，代数的に交流回路を解くことができる．

(b) R，L，C回路

表 5·1

	R	L	C
	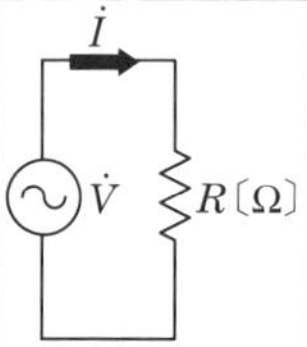	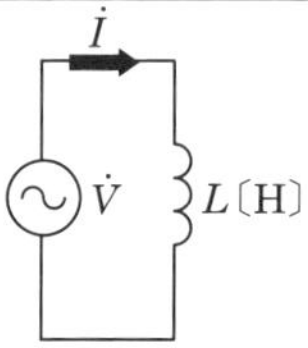	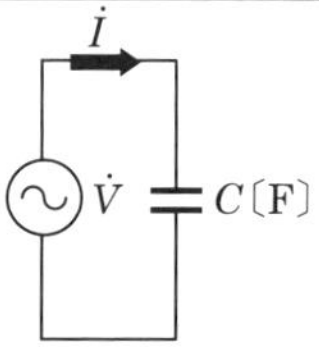
インピーダンスの大きさ Z〔Ω〕	R	$X_L = \omega L$	$X_C = \dfrac{1}{\omega C}$
記号法表記 $\dot{V}$〔V〕	$\dot{V} = R\dot{I}$〔V〕	$\dot{V} = jX_L\dot{I} = j\omega L\dot{I}$〔V〕	$\dot{V} = -jX_C\dot{I} = -j\dfrac{1}{\omega C}\dot{I}$〔V〕
$\dot{I}$からの位相のずれ	0	$+\dfrac{\pi}{2}$	$-\dfrac{\pi}{2}$

(c) RLC直列回路，RLC並列回路

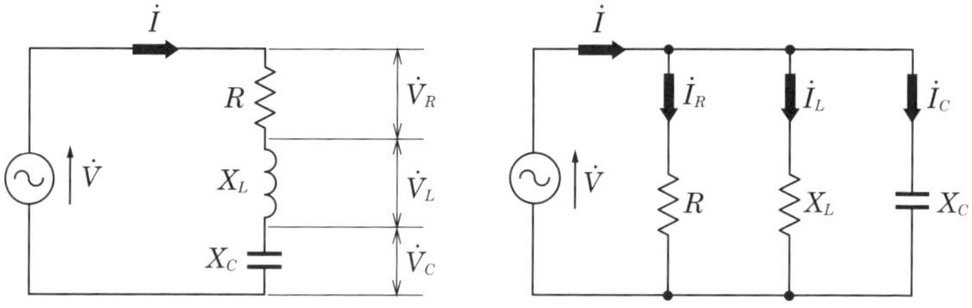

(a) RLC直列回路　(b) RLC並列回路

図 5·3

表5・2

	RLC直列回路	RLC並列回路
インピーダンス Z〔Ω〕	$R+jX_L-jX_C$	$1\bigg/\left(\dfrac{1}{R}+\dfrac{1}{jX_L}+\dfrac{1}{-jX_C}\right)$
インピーダンスの大きさZ〔Ω〕	$\sqrt{R^2+(X_L-X_C)^2}$	$1\bigg/\sqrt{\left(\dfrac{1}{R}\right)^2+\left(\dfrac{1}{X_L}-\dfrac{1}{X_C}\right)^2}$
インピーダンス角 (電圧に対する電流の遅れ位相角) θ〔rad〕	$\tan^{-1}\dfrac{X_L-X_C}{R}$	$\tan^{-1}\dfrac{\dfrac{1}{X_L}-\dfrac{1}{X_C}}{\dfrac{1}{R}}$
$\dot{V}$, $\dot{I}$	$\dot{V}=\dot{V}_R+\dot{V}_L+\dot{V}_C$ $=R\dot{I}+jX_L\dot{I}-jX_C\dot{I}$	$\dot{I}=\dot{I}_R+\dot{I}_L+\dot{I}_C$ $=\dfrac{\dot{V}}{R}+\dfrac{\dot{V}}{jX_L}+\dfrac{\dot{V}}{-jX_C}$

例題 5.4

図 (a), (b), (c) の回路を流れる電流$\dot{I}_a$, $\dot{I}_b$, $\dot{I}_c$を求めよ．ただし，電圧$\dot{V}=100$Vとする．

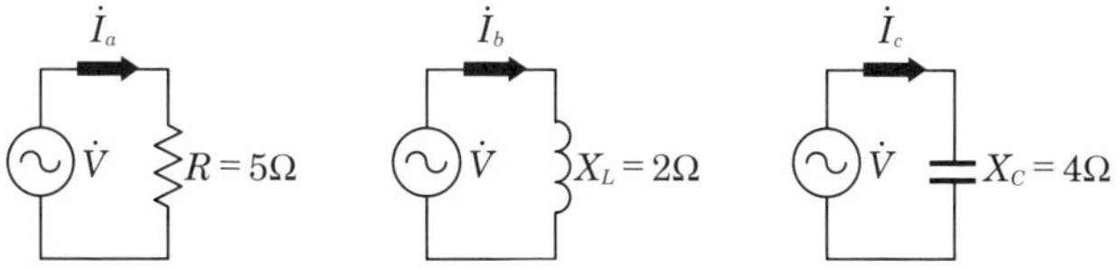

(a)　　(b)　　(c)

解　$\dot{Z}_a=5\Omega$, $\dot{Z}_b=jX_L=j2$〔Ω〕, $\dot{Z}_c=-jX_C=-j4$〔Ω〕より

$$\dot{I}_a=\frac{\dot{V}}{\dot{Z}_a}=\frac{100}{5}=20\,\mathrm{A}$$ （電流の位相は電圧と同じ）

$$\dot{I}_b=\frac{\dot{V}}{\dot{Z}_b}=\frac{100}{j2}=-j50\text{〔A〕}$$ （電流の位相は電圧より $\pi/2$遅れる）

$$\dot{I}_c=\frac{\dot{V}}{\dot{Z}_c}=\frac{100}{-j4}=j25\text{〔A〕}$$ （電流の位相は電圧より $\pi/2$進む）

答　$\dot{I}_a=20$A, $\dot{I}_b=-j50$〔A〕, $\dot{I}_c=j25$〔A〕

例題 5.5 図の回路において電圧 $\dot{V}_R$，$\dot{V}_L$，$\dot{V}_C$，$\dot{V}$を求めよ．ただし，$\dot{I} = 1 + j2$〔A〕とする．

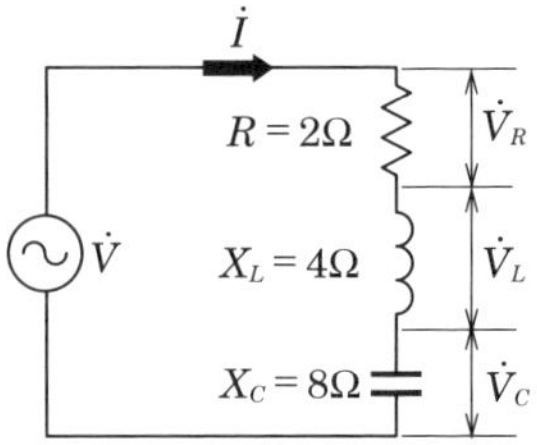

解 $\dot{Z}_R = 2\Omega$，$\dot{Z}_L = j4$〔Ω〕，$\dot{Z}_C = -j8$〔Ω〕より

$$\dot{V}_R = \dot{I}\dot{Z}_R = (1 + j2)2 = 2 + j4 \text{〔V〕}$$

$$\dot{V}_L = \dot{I}\dot{Z}_L = (1 + j2)j4 = -8 + j4 \text{〔V〕}$$

$$\dot{V}_C = \dot{I}\dot{Z}_C = (1 + j2)(-j8) = 16 - j8 \text{〔V〕}$$

$$\dot{V} = \dot{V}_R + \dot{V}_L + \dot{V}_C = 2 + j4 - 8 + j4 + 16 - j8 = 10\text{V}$$

答 $\dot{V}_R = 2 + j4$〔V〕，$\dot{V}_L = -8 + j4$〔V〕，$\dot{V}_C = 16 - j8$〔V〕，$\dot{V} = 10\text{V}$

例題 5.6 図の回路において電流 $\dot{I}_R$，$\dot{I}_L$，$\dot{I}_C$，$\dot{I}$を求めよ．ただし，$\dot{V} = 100 - j10$〔V〕とする．

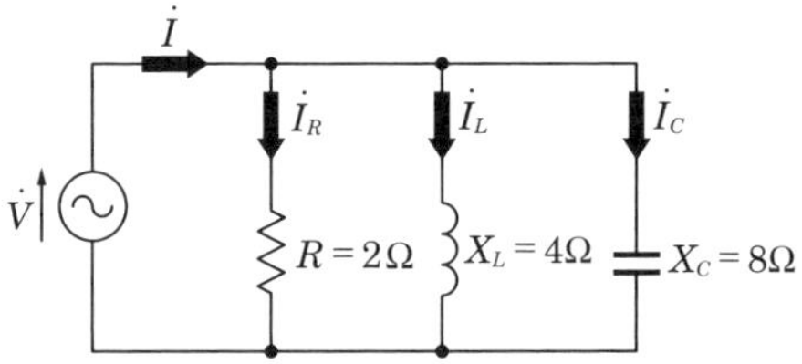

解 $\dot{Z}_R = 2\Omega$，$\dot{Z}_L = j4$〔Ω〕，$\dot{Z}_C = -j8$〔Ω〕より

$$\dot{I}_R = \frac{\dot{V}}{\dot{Z}_R} = \frac{100 - j10}{2} = 50 - j5 \text{〔A〕}$$

$$\dot{I}_L = \frac{\dot{V}}{\dot{Z}_L} = \frac{100 - j10}{j4} = -2.5 - j25 \text{〔A〕}$$

$$\dot{I}_C = \frac{\dot{V}}{\dot{Z}_C} = \frac{100 - j10}{-j8} = 1.25 + j12.5 \text{〔A〕}$$

$$\dot{I} = \dot{I}_R + \dot{I}_L + \dot{I}_C = 50 - j5 - 2.5 - j25 + 1.25 + j12.5$$
$$= 48.75 - j17.5 \text{〔A〕}$$

答 $\dot{I}_R = 50 - j5$〔A〕，$\dot{I}_L = -2.5 - j25$〔A〕，$\dot{I}_C = 1.25 + j12.5$〔A〕，$\dot{I} = 48.75 - j17.5$〔A〕

練習問題

5.7 図の回路（a），（b）の合成インピーダンスを求めよ．

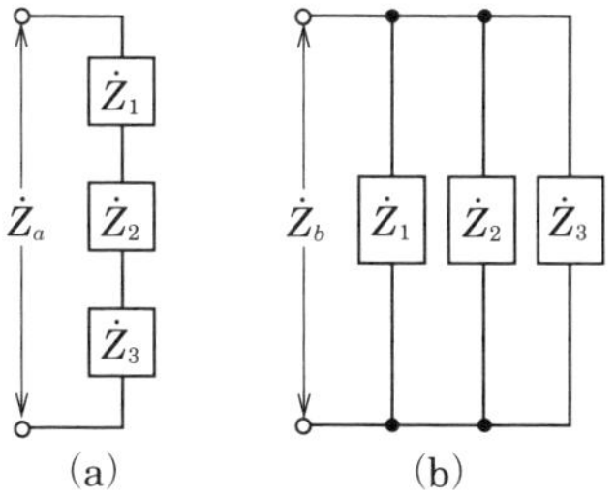

5.8 図の RLC 直列回路に，周波数50Hzの交流電圧 $\dot{V}$ = 100Vを加えたとき，次の問に答えよ．

（1）回路のインピーダンス $\dot{Z}$ を求めよ．

（2）回路を流れる電流 $\dot{I}$ およびその大きさ I を求めよ．

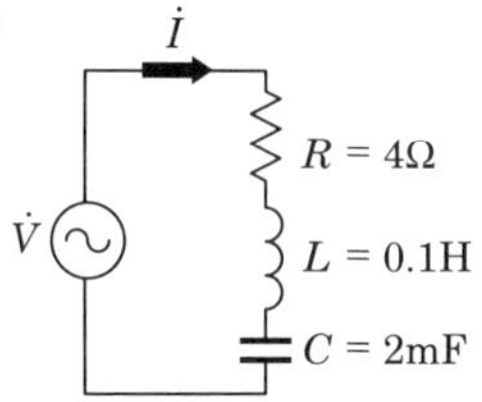

5.9 図の RLC 並列回路に，周波数60Hzの交流電圧 $\dot{V}$ = 100Vを加えたときの回路を流れる電流 $\dot{I}$ およびその大きさ I を求めよ．

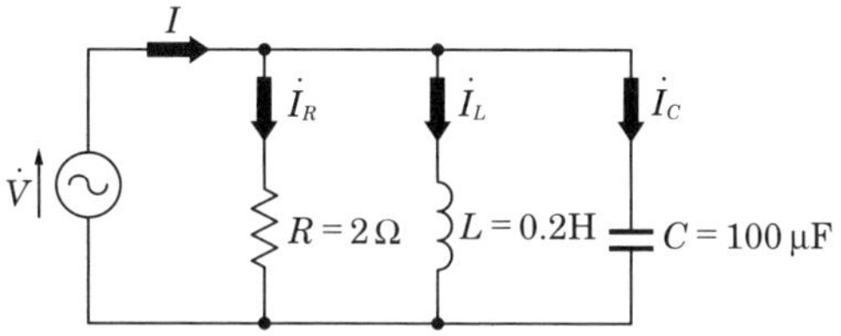

5.10 $\dot{Z} = 10 + j5$〔Ω〕のインピーダンスをもつ回路に，$\dot{V}$ = 200Vの電圧を加えたときに流れる電流 $\dot{I}$ とその大きさ I を求めよ．

5.11 $\dot{Z}_1 = 6\Omega$，$\dot{Z}_2 = 4 + j2$〔Ω〕が直列に接続されている回路に，電流 $\dot{I} = 100\angle 2\pi/3$〔A〕の電流を流したときに発生する起電力 $\dot{V}$ とその大きさ V を求めよ．

5.3 交流ブリッジ

(a) 交流ブリッジ

4個のインピーダンス$\dot{Z}_1$，$\dot{Z}_2$，$\dot{Z}_3$，$\dot{Z}_4$を図のように接続した回路を**交流ブリッジ**という．

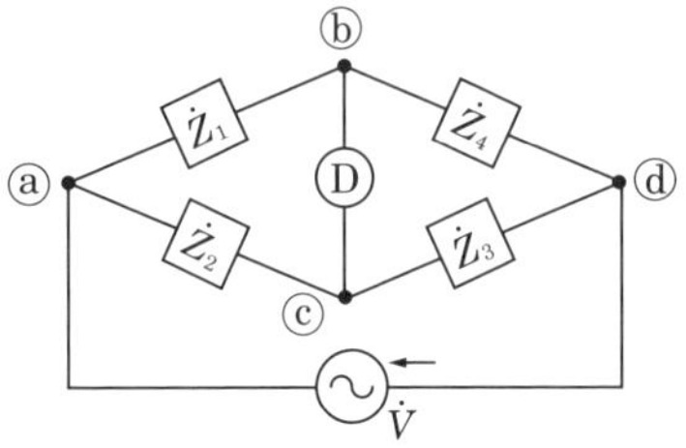

図 5･4

(b) ブリッジの平衡条件

向かい合う辺のインピーダンスを掛け合わせた値$\dot{Z}_1\dot{Z}_3$および$\dot{Z}_2\dot{Z}_4$が等しいとき，ⓑ-ⓒ間（検出器D）に電流は流れない．この状態を**ブリッジの平衡状態**と呼ぶ．

ブリッジの平衡条件式　$\dot{Z}_1\dot{Z}_3 = \dot{Z}_2\dot{Z}_4$

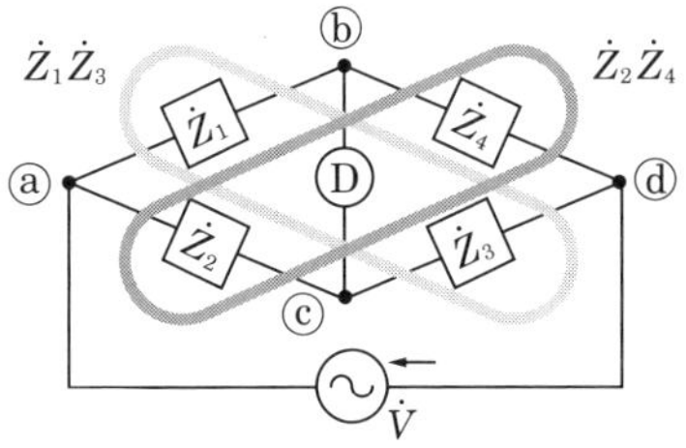

図 5･5

(c) 交流ブリッジの利用

交流ブリッジは，コイルのインダクタンス，コンデンサの静電容量，抵抗などの測定に用いられる．

例題 5.7

図のブリッジ回路において，コンデンサC_2の値を求めよ．ただし，ブリッジ回路は平衡状態とする．

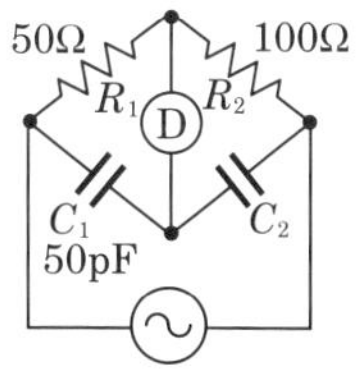

解　ブリッジの平衡条件（向かい合う辺のインピーダンスの積が等しい）より，

$$\dot{Z}_{R1}\times\dot{Z}_{C2}=\dot{Z}_{R2}\times\dot{Z}_{C1}=R_1\times(-jX_{C2})=R_2\times(-jX_{C1})$$

$$=R_1\left(-j\frac{1}{\omega C_2}\right)=R_2\left(-j\frac{1}{\omega C_1}\right)$$

$$\therefore\quad \frac{R_1}{C_2}=\frac{R_2}{C_1}$$

よって，

$$C_2=\frac{R_1C_1}{R_2}=\frac{50\times 50\times 10^{-12}}{100}=25\text{pF}$$

答　25pF

例題 5.8

図のブリッジ回路で，R_1=5kΩ，R_2 = 1kΩ，L = 20mHのとき，このブリッジは平衡状態となった．このときのコンデンサCの値を求めよ．

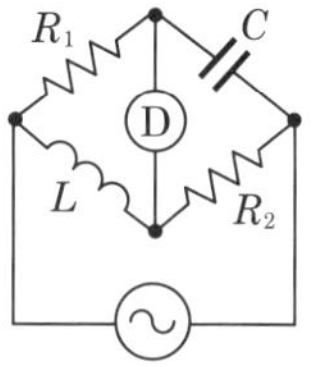

解　ブリッジの平衡条件より

$$\dot{Z}_{R1}\times\dot{Z}_{R2}=\dot{Z}_L\times\dot{Z}_C$$

$$=R_1\times R_2=jX_L\times(-jX_C)$$

$$=R_1R_2=j\omega L\left(-j\frac{1}{\omega C}\right)=\frac{L}{C}$$

よって，$C=\dfrac{L}{R_1R_2}=\dfrac{20\times 10^{-3}}{5\times 10^3\times 1\times 10^3}=4\times 10^{-9}=4\text{nF}$

答　4nF

例題 5.9 図のブリッジが平衡状態にあるとき，

(1) R_3，L_2を式で示せ．

(2) $R_1 = 10\Omega$，$R_4 = 2\Omega$，$L_3 = 200\mathrm{mH}$ のときのL_2の値を求めよ．

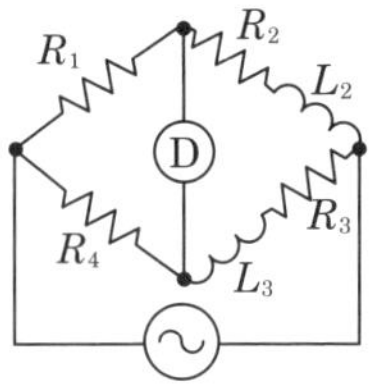

解 (1) 各辺のインピーダンスは，$\dot{Z}_1 = R_1$〔Ω〕，$\dot{Z}_2 = R_2 + j\omega L_2$〔Ω〕，$\dot{Z}_3 = R_3 + j\omega L_3$〔Ω〕，$\dot{Z}_4 = R_4$〔Ω〕である．ブリッジの平衡条件より

$$R_1(R_3 + j\omega L_3) = (R_2 + j\omega L_2)R_4$$

この式を展開し，整理すると

$$R_1R_3 + j\omega L_3R_1 = R_4R_2 + j\omega L_2R_4$$

複素数の等式では，左辺の実数部と右辺の実数部，左辺の虚数部と右辺の虚数部がそれぞれ等しくなる．このことより，

$$R_1R_3 = R_4R_2,\quad j\omega L_3R_1 = j\omega L_2R_4$$

よって

$$R_3 = \frac{R_2R_4}{R_1}〔\Omega〕,\quad L_2 = \frac{R_1L_3}{R_4}〔\mathrm{H}〕$$

(2) $R_1 = 10\Omega$，$R_4 = 2\Omega$，$L_3 = 200\mathrm{mH}$ を $L_2 = (R_1L_3)/R_4$ に代入すると，

$$L_2 = \frac{10\times 200}{2} = 1\,000\mathrm{mH} = 1\mathrm{H}$$

答 (1) $R_3 = (R_2R_4)/R_1$〔Ω〕，$L_2 = (R_1L_3)/R_4$〔H〕　(2) $L_2 = 1\mathrm{H}$

練習問題

5.12 次の文の（①）から（④）の中に適当な語句または記号を記入せよ．

4個のインピーダンスを図のように接続した回路を交流ブリッジと呼ぶ．各インピーダンスを調整して，検出器Dに電流が流れなくなった状態をブリッジの（①）といい，このときⓑ点とⓒ点の電位は（②）．また，このときインピーダンス$\dot{Z}_1$，$\dot{Z}_2$，$\dot{Z}_3$，$\dot{Z}_4$の間には（③）の関係式が成り立つ．この式のことをブリッジの（④）式という．

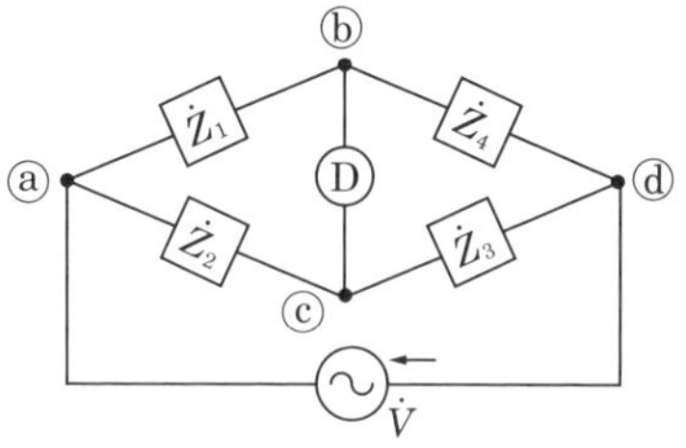

5.13 図のブリッジ回路に，$I = 10\text{mA}$（周波数$f = 50\text{kHz}$）の電流を流したとき，このブリッジは平衡状態となった．次の問に答えよ．

(1) ⓑ点からⓒ点に流れる電流I_{cb}を求めよ．

(2) Lの値を求めよ．

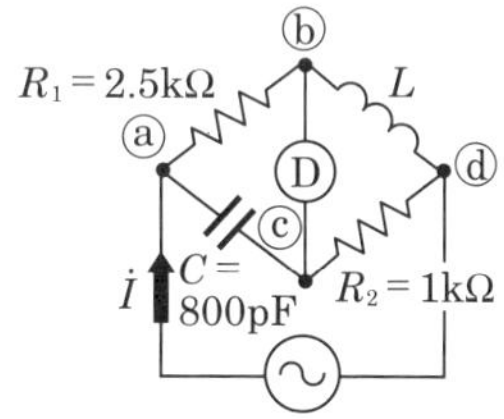

5.14 図のブリッジ回路で，$R_1 = 10\Omega$，$R_3 = 120\Omega$，$L_3 = 8\text{mH}$，$R_4 = 20\Omega$のとき，このブリッジは平衡状態となった．このときのR_2，L_2の値を求めよ．

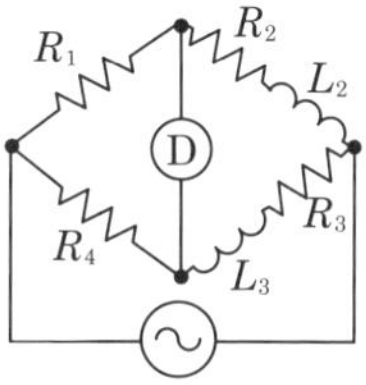

5.15 図のブリッジ回路におけるⓐ-ⓓ間の合成インピーダンス$\dot{Z}$を求めよ．ただし，ブリッジは平衡状態とする．

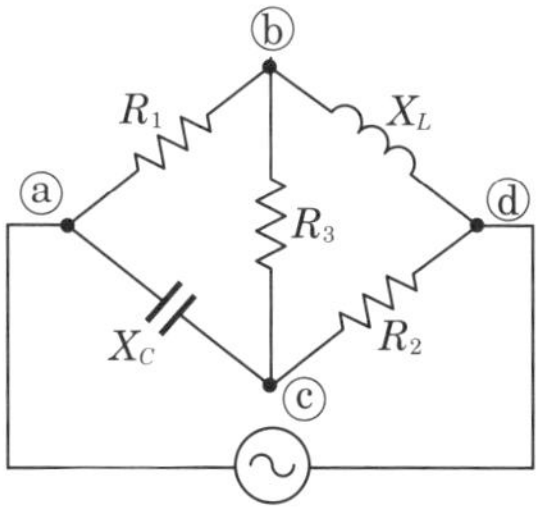

$R_1 = 4\Omega$
$R_2 = 6\Omega$
$R_3 = 8\Omega$
$X_L = 2\Omega$
$X_C = 5\Omega$

5.4 キルヒホッフの法則の適用

(a) 第1法則（電流に関する法則）

回路中の任意の接続点において，“流入する電流の和”と“流出する電流の和”は等しい．

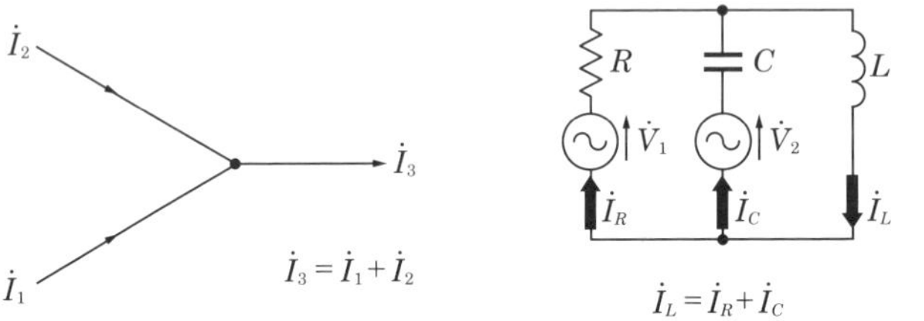

図 5・6

(b) 第2法則（電圧に関する法則）

任意の閉回路において，“電源電圧の和”と“各抵抗による電圧降下の和”は等しい．

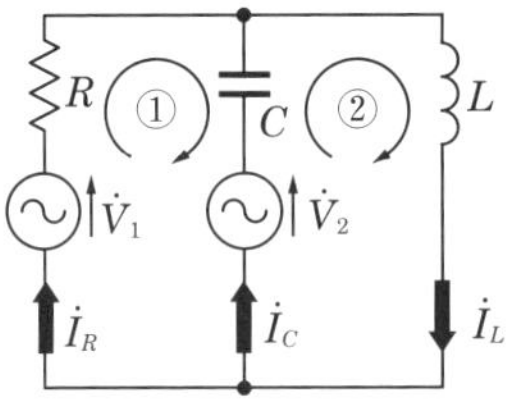

閉回路①

$$\dot{V}_1 - \dot{V}_2 = R\dot{I}_R - (-jX_C\dot{I}_C)$$

閉回路②

$$\dot{V}_2 = -jX_C\dot{I}_C + jX_L\dot{I}_L$$

図 5・7

例題 5.10 図の回路について次の問に答えよ．ただし，回路中を流れる電流 $\dot{I}$，$\dot{I}_R$，$\dot{I}_L$ は ➡ の向きに流れると仮定する．

(1) 接続点ⓐについて，キルヒホッフの第1法則（電流に関する法則）による式をたてよ．

(2) 閉回路①，②に流れる電流の向きを図のように仮定したとき，キルヒホッフの第2法則（電圧に関する法則）による式をたてよ．

(3) $\dot{I}$ を求めよ．

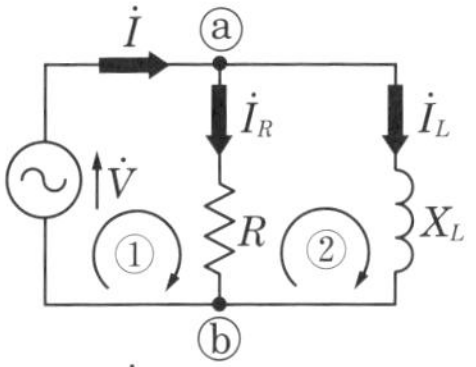

$\dot{V} = 100\text{V}$
$R = 10\Omega$
$X_L = 50\Omega$

解 (1) ⓐ点では，“流入する電流$\dot{I}$”と“流出する電流$\dot{I}_R$，$\dot{I}_L$の和”は等しいので，次式が成り立つ.

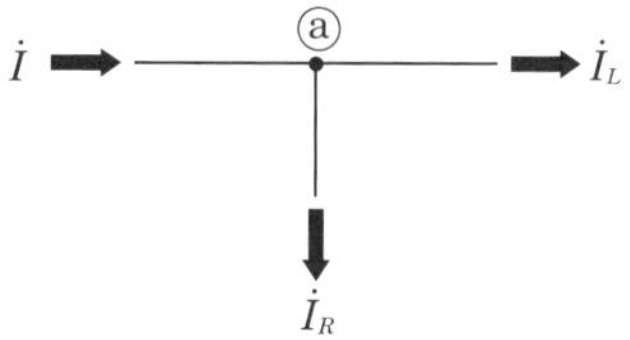

$$\dot{I}=\dot{I}_R+\dot{I}_L$$

(2) 閉回路について，電源電圧の和＝電圧降下の和である.

閉回路①：電源電圧は$\dot{V}$，電圧降下は$\dot{I}_R R$（①と同じ向き）なので

$$\dot{V}=R\dot{I}_R$$

閉回路②：電源電圧は0（なし），電圧降下は$-R\dot{I}_R$（②と逆向き），$jX_L\dot{I}_L$（②と同じ向き）なので

$$0=-R\dot{I}_R+jX_L\dot{I}_L$$

(3) $\dot{V}=R\dot{I}_R$より，$\dot{I}_R=\dot{V}/R=100/10=10\text{A}$

$0=-R\dot{I}_R+jX_L\dot{I}_L$より，$\dot{I}_L=R\dot{I}_R/jX_L=10\times 10/j50=-j2$〔A〕

$$\therefore\quad \dot{I}=\dot{I}_R+\dot{I}_L=10-j2\text{〔A〕}$$

答 (1) $\dot{I}=\dot{I}_R+\dot{I}_L$ (2) 閉回路①：$\dot{V}=R\dot{I}_R$，閉回路②：$0=-R\dot{I}_R+jX_L\dot{I}_L$

(3) $\dot{I}=10-j2$〔A〕

例題 5.11 図の回路を流れる電流$\dot{I}_R$，$\dot{I}_L$，$\dot{I}_C$，をキルヒホッフの法則を用いて求めよ.

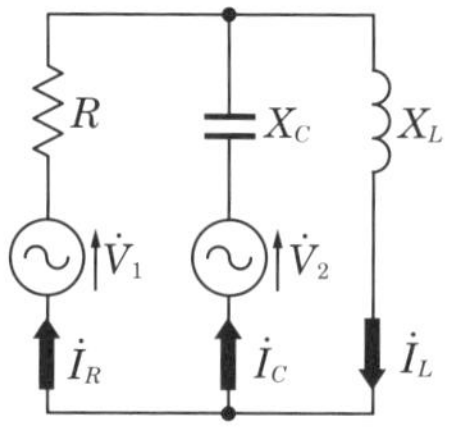

$\dot{V}_1=200\text{V}$
$\dot{V}_2=j100\text{V}$
$R=10\Omega$
$X_C=20\Omega$
$X_L=30\Omega$

解 まず電源$\dot{V}_1$と電源$\dot{V}_2$に注目し，閉回路①，②の電流の向きを仮定する.

次に接続点ⓐまたはⓑに対してキルヒホッフの第1法則を適用し，電流の式をたてる.

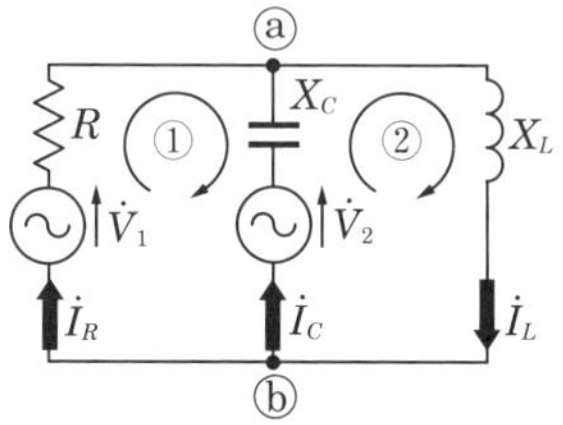

接続点ⓐ（接続点ⓑも同じ）

$\dot{I}_R+\dot{I}_C=\dot{I}_L$ ……………………………………………………①

次にキルヒホッフの第2法則を閉回路①，②に適用し，電圧の式をたてる．

閉回路①：　$\dot{V}_1-\dot{V}_2=R\dot{I}_R-(-jX_C\dot{I}_C)$ ……………………②

閉回路②に関して：$\dot{V}_2=-jX_C\dot{I}_C+jX_L\dot{I}_L$ ……………………………③

式①〜式③に $R=10\Omega$，$X_C=20\Omega$，$X_L=30\Omega$，$\dot{V}_1=200\mathrm{V}$，$\dot{V}_2=j100\mathrm{V}$ を代入し，連立方程式を解き $\dot{I}_R$，$\dot{I}_L$，$\dot{I}_C$ を求める．

式②より

$$200-j100=10\dot{I}_R+j20\dot{I}_C$$

$\therefore\ 20-j10=\dot{I}_R+j2\dot{I}_C$ ……………………………………………………④

式③より

$$j100=-j20\dot{I}_C+j30\dot{I}_L$$

$$\therefore\ j10=-j2\dot{I}_C+j3\dot{I}_L$$

式①の $\dot{I}_L=\dot{I}_R+\dot{I}_C$ を代入して

$j10=-j2\dot{I}_C+j3(\dot{I}_R+\dot{I}_C)=j\dot{I}_C+j3\dot{I}_R$ ……………………………⑤

式④と式⑤による連立方程式を解く．

$$\dot{I}_R=\frac{200+j90}{37}\fallingdotseq 5.41+j2.43\text{〔A〕}$$

$$\dot{I}_C=\frac{-230-j270}{37}\fallingdotseq -6.22-j7.30\text{〔A〕}$$

$$\dot{I}_L=\frac{-30-j180}{37}\fallingdotseq -0.81-j4.86\text{〔A〕}$$

答　$\dot{I}_R=5.41+j2.43$〔A〕，$\dot{I}_C=-6.22-j7.30$〔A〕，$\dot{I}_L=-0.81-j4.86$〔A〕

練習問題

5.16 図の回路に関する次の問に答えよ．ただし，電流の向きは矢印の方向に流れると仮定する．

(1) ⓐ点に関し，キルヒホッフの第1法則による式をたてよ．

(2) 閉回路①に関してキルヒホッフの第2法則による式をたてよ．

(3) 閉回路②に関してキルヒホッフの第2法則による式をたてよ．

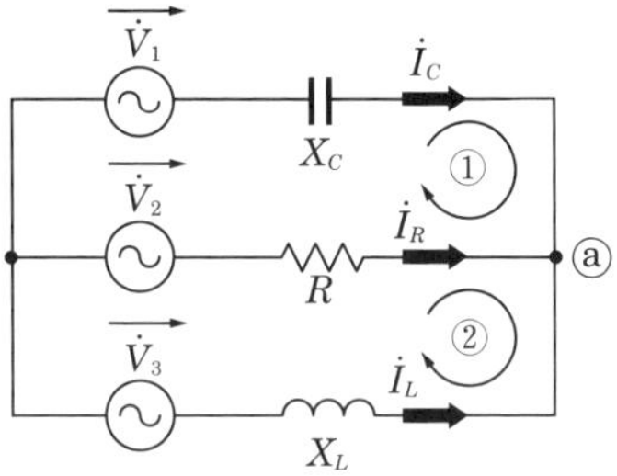

5.17 図の回路における$\dot{I}_1$，$\dot{I}_2$，$\dot{I}_3$を求めよ．ただし，$\dot{V} = j100$〔V〕，$R = 40\Omega$，$X_L = 40\Omega$，$X_C = 80\Omega$とする．

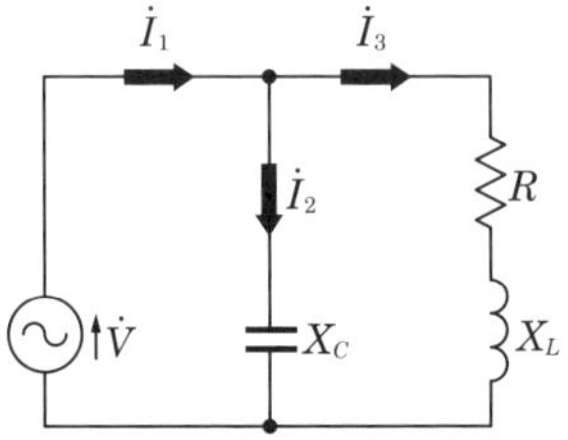

5.18 図の回路を流れる電流$\dot{I}_R$，$\dot{I}_L$，$\dot{I}$を求めよ．

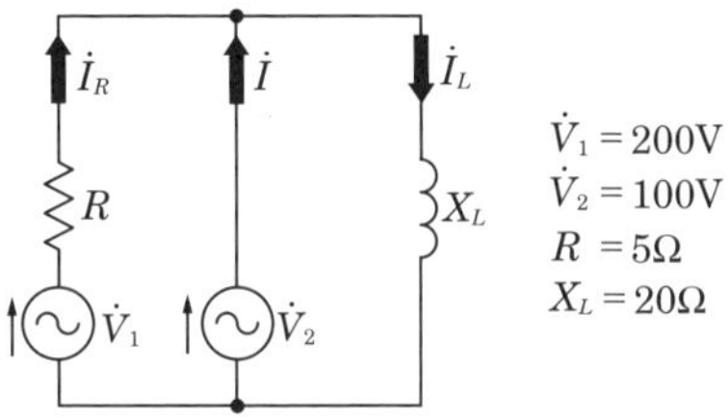

5.19 図の回路の$\dot{I}_L$を求めよ．ただし，$R = 20\Omega$，$X_L = 40\Omega$，$X_C = 80\Omega$，$V_1 = 100V$，$V_2 = j100$〔V〕とする．

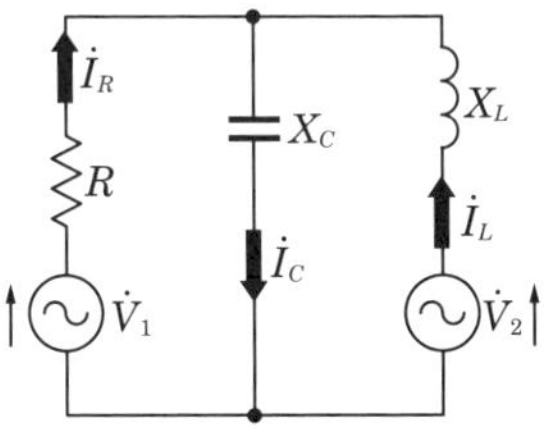

5.5 重ね合せの定理の適用

(a) 重ね合せの定理

複数の電源を用いた回路に流れる電流は，それぞれの電源が単独である場合に流れる電流の和である．

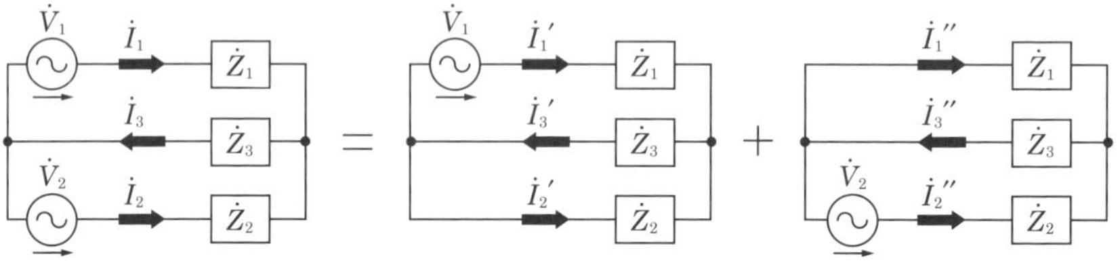

$$\dot{I}_1 = \dot{I}_1' + \dot{I}_1''$$

$$\dot{I}_2 = \dot{I}_2' + \dot{I}_2''$$

$$\dot{I}_3 = \dot{I}_3' + \dot{I}_3''$$

図 5･8

(b) 回路を解く手順

① 回路網に含まれる電源ごとに，回路を分解する（注目する電源以外はショートしていると考える）．

② 分解した回路ごとの電流を求める（図の $\dot{I}_1'$，$\dot{I}_1''$ など）．

③ ②で求めた電流を重ね合せて（和を求め），回路に流れる電流を求める．

ポイント　図のように，求める電流（$\dot{I}_1$，$\dot{I}_2$，$\dot{I}_3$）を基準とし，$\dot{I}_1$ と $\dot{I}_1'$ と $\dot{I}_1''$，$\dot{I}_2$ と $\dot{I}_2'$ と $\dot{I}_2''$，$\dot{I}_3$ と $\dot{I}_3'$ と $\dot{I}_3''$ の電流の向きを統一する．

例題 5.12　図の回路について次の問に答えよ．ただし，回路中を流れる電流 $\dot{I}_R$，$\dot{I}_C$，$\dot{I}_L$ は ➡ の向きに流れると仮定する．

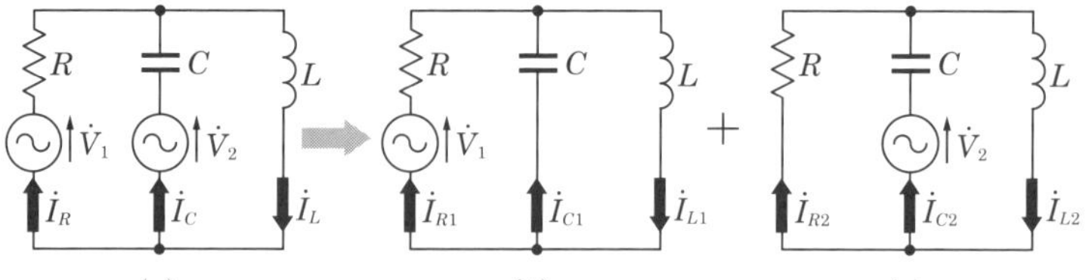

(a)　　(b)　　(c)

(1) 図 (b) の合成インピーダンス $\dot{Z}_1$ を式で示せ．

(2) 図 (b) の $\dot{I}_{R1}$，$\dot{I}_{C1}$，$\dot{I}_{L1}$ を式で示せ.

(3) 図 (c) の合成インピーダンス $\dot{Z}_2$ を式で示せ.

(4) 図 (c) の $\dot{I}_{R2}$，$\dot{I}_{C2}$，$\dot{I}_{L2}$ を式で示せ.

解

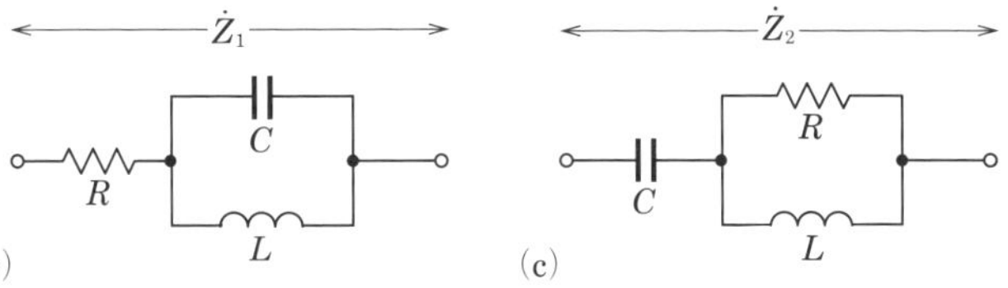

(1) 図 (b) より合成インピーダンス $\dot{Z}_1$ は,

$$\dot{Z}_1 = R + \frac{jX_L \times (-jX_C)}{jX_L + (-jX_C)}$$

(2)
$$\dot{I}_{R1} = \frac{\dot{V}_1}{\dot{Z}_1} = \frac{\dot{V}_1}{R + \dfrac{jX_L \times (-jX_C)}{jX_L + (-jX_C)}}$$

$$\dot{I}_{C1} = \dot{I}_{R1} \times \frac{jX_L}{jX_L + (-jX_C)} \quad , \quad \dot{I}_{L1} = \dot{I}_{R1} \times \frac{-jX_C}{jX_L + (-jX_C)}$$

(3) 図(c)より，合成インピーダンス $\dot{Z}_2$ は,

$$\dot{Z}_2 = -jX_C + \frac{R \times jX_L}{R + jX_L}$$

(4)
$$\dot{I}_{C2} = \frac{\dot{V}_2}{\dot{Z}_2} = \frac{\dot{V}_2}{-jX_C + \dfrac{R \times jX_L}{R + jX_L}}$$

$$\dot{I}_{R2} = \dot{I}_{C2} \times \frac{jX_L}{R + jX_L} \quad , \quad \dot{I}_{L2} = \dot{I}_{C2} \times \frac{R}{R + jX_L}$$

答 (1) $\dot{Z}_1 = R + \{jX_L \times (-jX_C)\}/\{jX_L + (-jX_C)\}$

(2) $\dot{I}_{R1} = \dot{V}_1/[R + \{jX_L \times (-jX_C)\}/\{jX_L + (-jX_C)\}]$，$\dot{I}_{C1} = \dot{I}_{R1} \times jX_L/\{jX_L + (-jX_C)\}$，$\dot{I}_{L1} = \dot{I}_{R1} \times (-jX_C)/\{jX_L + (-jX_C)\}$

(3) $\dot{Z}_2 = -jX_C + (R \times jX_L)/(R + jX_L)$

(4) $\dot{I}_{C2} = \dot{V}_2/\{-jX_C + (R \times jX_L)/(R + jX_L)\}$，$\dot{I}_{R2} = \dot{I}_{C2} \times jX_L/(R + jX_L)$，$\dot{I}_{L2} = \dot{I}_{C2} \times R/(R + jX_L)$

例題 5.13 重ね合せの定理を用いて，図を流れる電流$\dot{I}_R$を求めよ．ただし，$\dot{V}_1 = 200$V，$\dot{V}_2 = j100$V，$R = 20\Omega$，$X_L = 40\Omega$，$X_C = 60\Omega$とする．

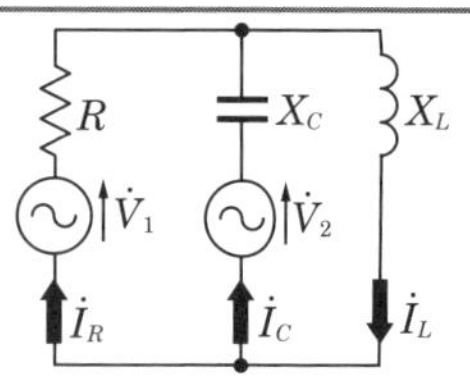

解 $\dot{V}_1$に注目した回路網（図a）と$\dot{V}_2$に注目した回路網（図b）において，ⓐ-ⓑ間のインピーダンス$\dot{Z}_1$，ⓒ-ⓓ間のインピーダンス$\dot{Z}_2$を求める．

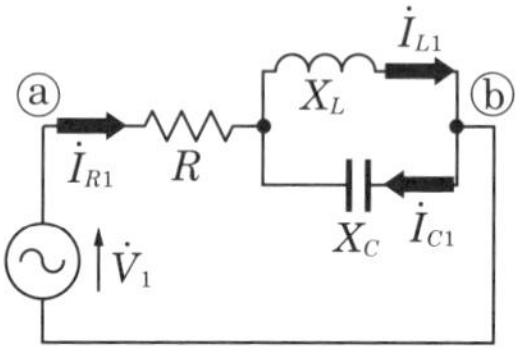

(a)

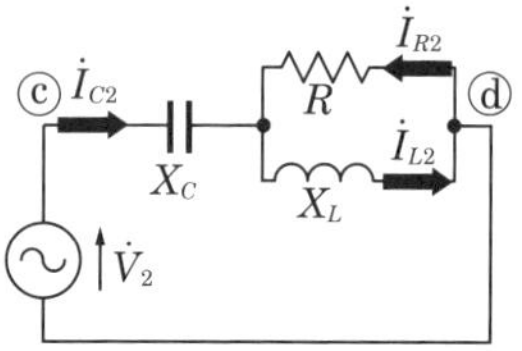

(b)

$$\dot{Z}_1 = R + \frac{jX_L \times (-jX_C)}{jX_L + (-jX_C)} \quad , \quad \dot{Z}_2 = -jX_C + \frac{R \times jX_L}{R + jX_L}$$

重ね合せの定理より，$\dot{I}_R = \dot{I}_{R1} + \dot{I}_{R2}$なので，$\dot{I}_{R1}$と$\dot{I}_{R2}$を求める．

$$\dot{I}_{R1} = \frac{\dot{V}_1}{\dot{Z}_1} \quad , \quad \dot{I}_{R2} = -\frac{jX_L}{R + jX_L}\dot{I}_{C2} \quad \left(\dot{I}_{C2}\text{は}\frac{\dot{V}_2}{\dot{Z}_2}\text{で求まる}\right)$$

以上の式に値を代入する．

$$\dot{Z}_1 = R + \frac{jX_L \times (-jX_C)}{jX_L + (-jX_C)} = 20 + \frac{j40 \times (-j60)}{j40 - j60} = 20 - \frac{2400}{j20} = 20 + j120\ [\Omega]$$

$$\dot{I}_{R1} = \frac{\dot{V}_1}{\dot{Z}_1} = \frac{200}{20 + j120} = \frac{200(20 - j120)}{(20 + j120)(20 - j120)} = \frac{4000 - j24000}{20^2 + 120^2}$$

$$\fallingdotseq 0.270 - j1.62\ [\mathrm{A}]$$

$$\dot{Z}_2 = -jX_C + \frac{R \times jX_L}{R + jX_L} = -j60 + \frac{20 \times j40}{20 + j40} = 16 - j52\ [\Omega]$$

$$\dot{I}_{C2} = \frac{\dot{V}_2}{\dot{Z}_2} = \frac{j100}{16 - j52} = \frac{j100(16 + j52)}{(16 - j52)(16 + j52)} = \frac{-5200 + j1600}{2960}$$

$$\fallingdotseq -1.76 + j0.54\ [\mathrm{A}]$$

$$\dot{I}_{R2} = -\frac{jX_L}{R + jX_L}\dot{I}_{C2} = -\frac{j40}{20 + j40}\dot{I}_{C2} = -\frac{j40(20 - j40)}{(20 + j40)(20 - j40)}\dot{I}_{C2}$$

$$= (-0.8 - j0.4)\dot{I}_{C2} = (-0.8 - j0.4)(-1.76 + j0.54) \fallingdotseq 1.62 + j0.272\ [\mathrm{A}]$$

$$\dot{I}_R = \dot{I}_{R1} + \dot{I}_{R2} = 0.270 - j1.62 + 1.62 + j0.272 \fallingdotseq 1.89 - j1.35\ [\mathrm{A}]$$

答 $1.89 - j1.35$ [A]

練習問題

5.20 図の回路を流れる電流$\dot{I}_R$，$\dot{I}_L$，$\dot{I}_C$，を重ね合せの定理を用いて求めよ．

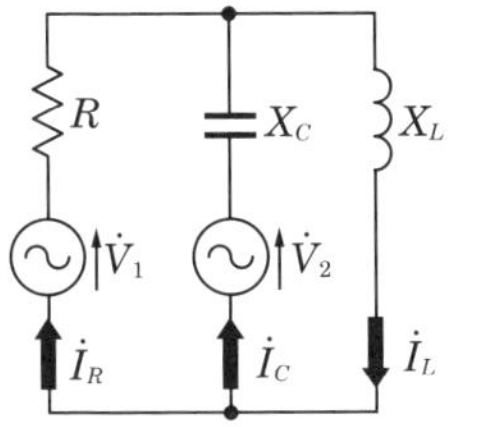

$\dot{V}_1 = 200\text{V}$
$\dot{V}_2 = j100\text{V}$
$R = 10\Omega$
$X_C = 20\Omega$
$X_L = 30\Omega$

5.21 図の回路を流れる電流$\dot{I}_R$，$\dot{I}_L$，$\dot{I}$を重ね合せの定理を用いて求めよ．

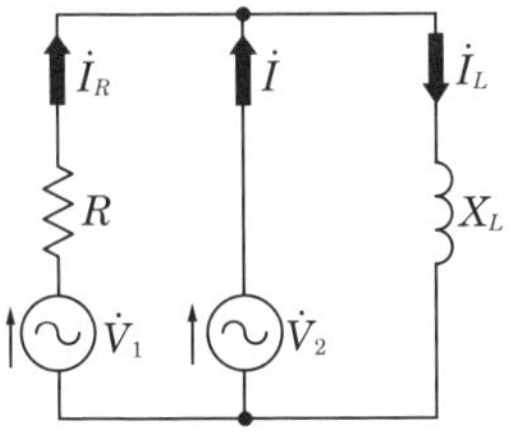

$\dot{V}_1 = 200\text{V}$
$\dot{V}_2 = 100\text{V}$
$R = 5\Omega$
$X_L = 20\Omega$

5.22 図の回路の$\dot{I}_L$を重ね合せの定理を用いて求めよ．ただし，$R = 20\Omega$，$X_L = 40\Omega$，$X_C = 80\Omega$，$V_1 = 100\text{V}$，$V_2 = j100$〔V〕とする．

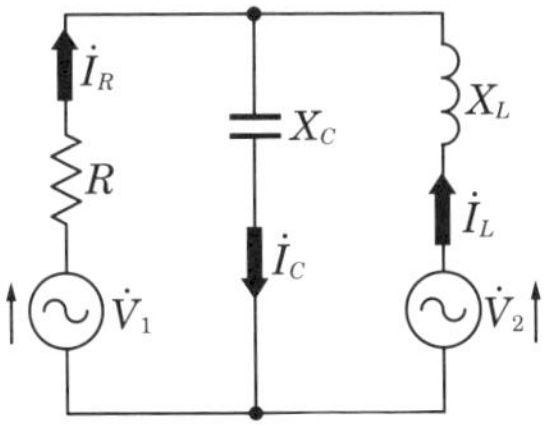

5章　章末問題

1．電圧 $v = 100\sqrt{2}\sin\omega t$〔V〕，電流 $i = 20\sqrt{2}\sin\{\omega t - (4\pi/3)\}$〔A〕を，極座標表示のベクトルと複素数表示のベクトルに変換せよ．

2．電圧 $\dot{V} = 200\mathrm{V}$，電流 $\dot{I} = 10\sqrt{2} - j10$〔A〕を瞬時値で示せ．ただし，$\omega = 50\pi$ とする．

3．$R = 50\Omega$，$L = 0.4\mathrm{H}$，$C = 0.5\mathrm{mF}$ の RLC 直列回路に，周波数60Hzの交流電圧 $\dot{V} = 200\mathrm{V}$ を加えたとき，次の問に答えよ．

(1) 回路のインピーダンス $\dot{Z}$ を求めよ．

(2) 回路を流れる電流 $\dot{I}$ およびその大きさ I を求めよ．

4．$R = 50\Omega$，$L = 0.4\mathrm{H}$，$C = 0.5\mathrm{mF}$ の RLC 並列回路に，周波数50Hzの交流電圧 $\dot{V} = 200\mathrm{V}$ を加えたときの回路を流れる電流 $\dot{I}$ およびその大きさ I を求めよ．

5．図のブリッジ回路で，$R_1 = 50\Omega$，$R_3 = 100\Omega$，$L_3 = 6\mathrm{mH}$，$R_4 = 40\Omega$ のとき，このブリッジは平衡状態となった．このときの R_2，L_2 の値を求めよ．

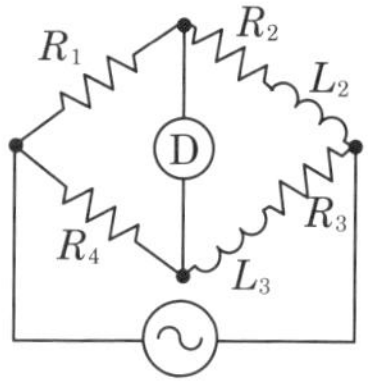

図 5·9

6．図の回路における $\dot{I}_1$，$\dot{I}_2$，$\dot{I}_3$ を求めよ．ただし，$\dot{V} = 200\mathrm{V}$，$R = 50\Omega$，$X_L = 50\Omega$，$X_C = 100\Omega$ とする．

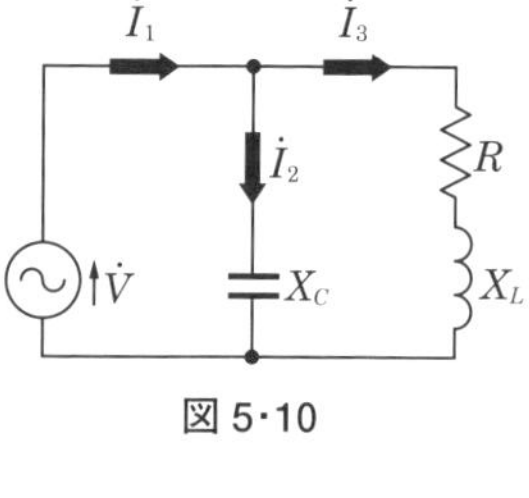

図 5·10

第6章

三相交流と非正弦波交流

交流には家庭で使用している単相交流の他に，工場のモータなどに使われる三相交流がある．三相交流は，位相がそれぞれ120°ずれた3種の単相交流を合わせたもので，3本の電線を用いて送電される．

本章では，三相交流の電圧，電流，電力の取り扱いや三相交流の結線について学ぶ．また，非正弦波交流（ひずみ波交流）や過渡現象についても学ぶ．

キーワード　三相交流，Y結線，Δ結線，三相電力，平衡三相回路，非正弦波交流，ひずみ率，過渡現象，時定数，微分回路，積分回路

6.1 三相交流の基礎

(a) 三相交流回路

位相が(2/3)π〔rad〕(120°)ずつずれた3種の単相交流により構成される．三相交流電圧の各相の瞬時値の和は0になる．

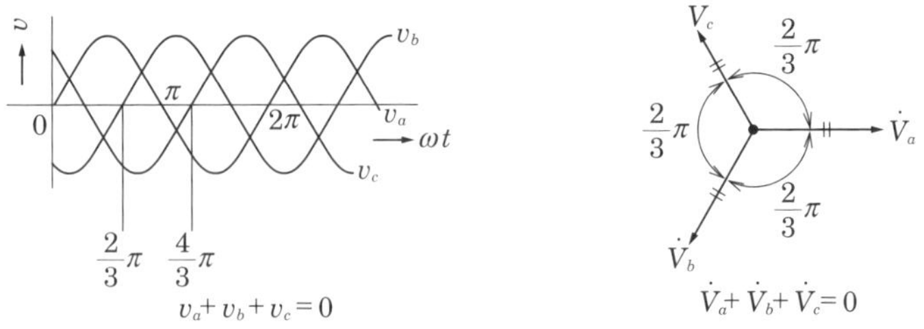

(a) 瞬時値表示　　(b) ベクトル表示

図 6·1

(b) 三相交流回路の表し方

表 6·1

	a相	b相	c相
位　相	基　準	a相に対して 2/3π遅れる（4/3π進む）	a相に対して 4/3π遅れる（2/3π進む）
瞬時値	$v_a = \sqrt{2}V\sin\omega t$	$v_b = \sqrt{2}V\sin\left(\omega t - \frac{2}{3}\pi\right)$	$v_c = \sqrt{2}V\sin\left(\omega t - \frac{4}{3}\pi\right)$
極座標	$\dot{V}_a = V\angle 0$	$\dot{V}_b = V\angle -(2/3)\pi$	$\dot{V}_c = V\angle -(4/3)\pi$
複素数	$\dot{V}_a = V$	$\dot{V}_b = \left(-\frac{1}{2} - j\frac{\sqrt{3}}{2}\right)V$	$\dot{V}_c = \left(-\frac{1}{2} + j\frac{\sqrt{3}}{2}\right)V$

(c) Y（星）形結線と△（三角）形結線

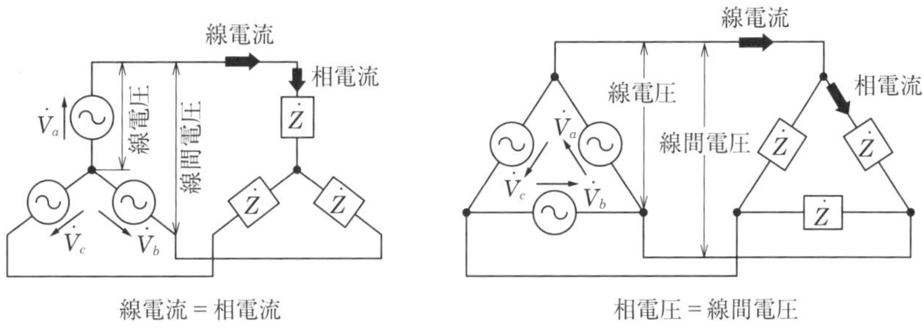

(a) Y結線　　(b) △結線

図 6·2

例題 6.1 図に示す三相交流の相電圧の波形を参照し，次の問に答えよ．ただし，各電圧の角周波数を 50π〔rad / s〕とする．

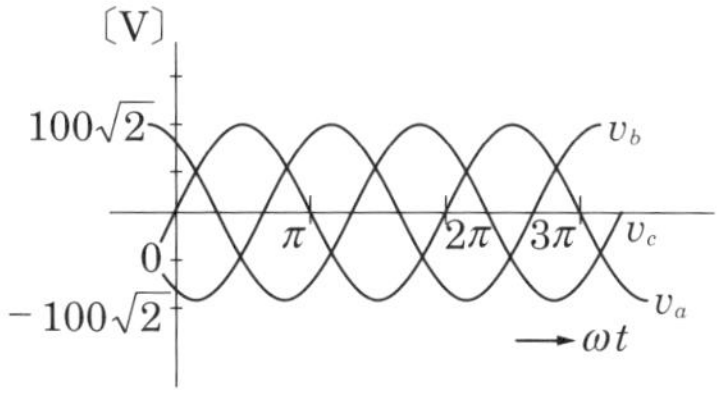

（1）各相の電圧を瞬時値 v_a，v_b，v_c で示せ．

（2）各相の $\dot{V}_a$，$\dot{V}_b$，$\dot{V}_c$ を極座標ベクトルの式および図で示せ．

（3）各相の $\dot{V}_a$，$\dot{V}_b$，$\dot{V}_c$ を複素数の式および図で示せ．

（4）三相交流の各相電圧 $\dot{V}_a$，$\dot{V}_b$，$\dot{V}_c$ の和が0になることを複素数を用いて示せ．

解 （1）基準となるa相の電圧 v_a を波形図より求める．

最大値 $V_m = 100\sqrt{2}$ V，角周波数 $\omega = 50\pi$〔rad / s〕なので $v_a = V_m \sin(\omega t + \theta) = 100\sqrt{2}\sin 50\pi t$〔V〕

a相に対して，b相は $(2/3)\pi$，c相は $(4/3)\pi$ 位相が遅れるので

$$v_b = 100\sqrt{2}\sin\left(50\pi t - \frac{2}{3}\pi\right)〔\mathrm{V}〕$$

$$v_c = 100\sqrt{2}\sin\left(50\pi t - \frac{4}{3}\pi\right)〔\mathrm{V}〕$$

（2）a相の電圧 $v_a = 100\sqrt{2}\sin 50\pi t$〔V〕から

最大値 $V_m = 100\sqrt{2}$

実効値 $V = \dfrac{V_m}{\sqrt{2}} = 100$V

したがって，$\dot{V}_a = 100\angle 0 = 100$V

$$\dot{V}_b = 100\angle -\frac{2}{3}\pi 〔\mathrm{V}〕$$

$$\dot{V}_c = 100\angle -\frac{4}{3}\pi 〔\mathrm{V}〕$$

ベクトル図は$\dot{V}_a$を基準にし，$(2/3)\pi$ずつ遅らせて$\dot{V}_b$と$\dot{V}_c$を描く．

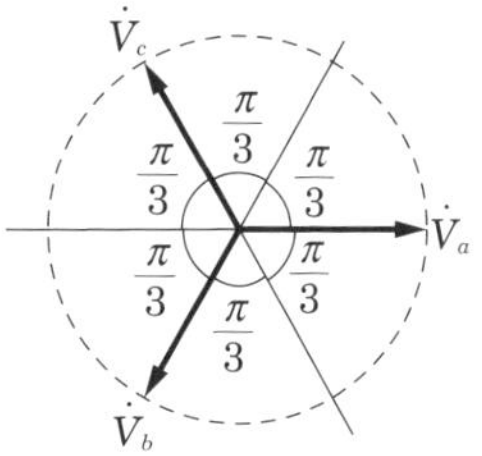

(3) まず，ベクトル図を描き，$\dot{V}_a$，$\dot{V}_b$，$\dot{V}_c$の実数部と虚数部を読み取る．

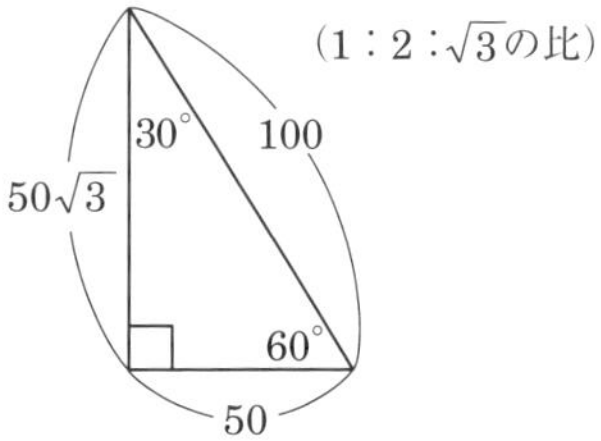

$\dot{V}_a$の実数部は100V，虚数部は0V

$\dot{V}_b$の実数部は－50V，虚数部は$-j50\sqrt{3}$

$\dot{V}_c$の実数部は－50V，虚数部は$j50\sqrt{3}$

したがって，

$$\dot{V}_a = 100\text{V}$$

$$\dot{V}_b = -50 - j50\sqrt{3}\ [\text{V}]$$

$$\dot{V}_c = -50 + j50\sqrt{3}\ [\text{V}]$$

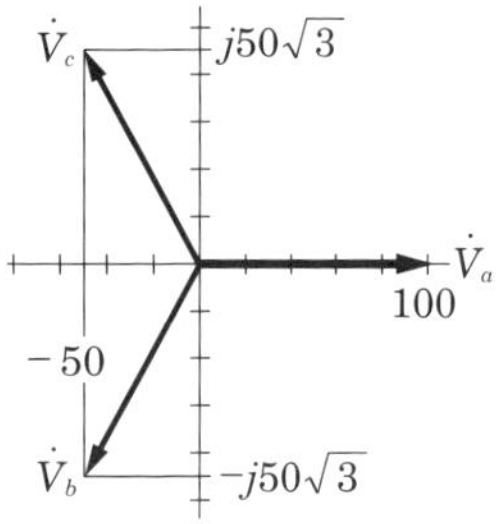

(4) $\dot{V}_a + \dot{V}_b + \dot{V}_c = 100 - 50 - j50\sqrt{3} - 50 + j50\sqrt{3} = 0$

答 (1) $v_a = 100\sqrt{2}\sin 50\pi t$ [V]，$v_b = 100\sqrt{2}\sin\{50\pi t - (2/3)\pi\}$ [V]，
$v_c = 100\sqrt{2}\sin\{50\pi t - (4/3)\pi\}$ [V]

(2) $\dot{V}_a = 100\text{V}$，$\dot{V}_b = 100\angle -(2/3)\pi$ [V]，
$\dot{V}_c = 100\angle -(4/3)\pi$ [V]

(3) $\dot{V}_a = 100\text{V}$，$\dot{V}_b = -50 - j50\sqrt{3}$ [V]，$\dot{V}_c = -50 + j50\sqrt{3}$ [V]

(4) $\dot{V}_a + \dot{V}_b + \dot{V}_c = 100 - 50 - j50\sqrt{3} - 50 + j50\sqrt{3} = 0$

練習問題

6.1 図の(a), (b)は，Y結線および△結線の三相交流回路を示したものである．図を参照し次の文中の（①）～（④）を埋めよ．

$\dot{V}_a$，$\dot{V}_b$，$\dot{V}_c$は（①）電圧，$\dot{V}_{AB}$，$\dot{V}_{BC}$，$\dot{V}_{CA}$は（②）電圧，$\dot{I}_a$，$\dot{I}_b$，$\dot{I}_c$は（③）電流，$\dot{I}_A$，$\dot{I}_B$，$\dot{I}_C$は（④）電流と呼ぶ．

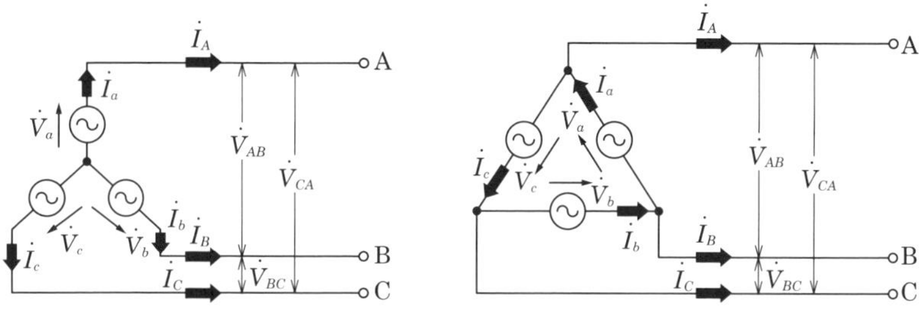

(a)　　(b)

6.2 図 (a), (b) を参照し，次の問に答えよ．

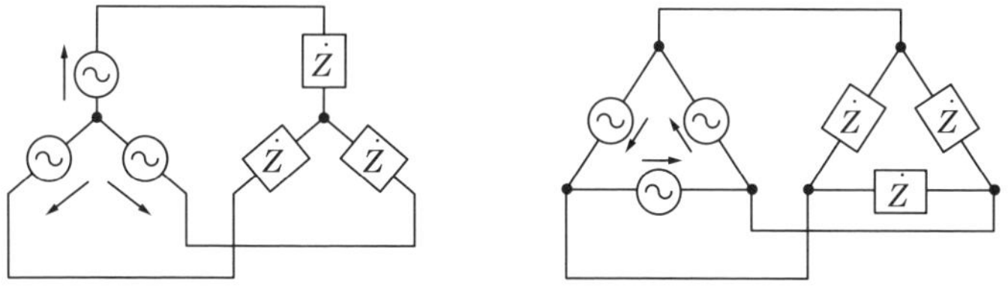

(a)　　(b)

(1) (a), (b) の結線はそれぞれどのように呼ばれるか．

(2) 相電圧と線間電圧が等しいのは，(a), (b) どちらの結線か．

(3) 相電流と線電流が等しいのは，(a), (b) どちらの結線か．

6.3 a相の相電圧が$200\sqrt{2}\angle 0$〔V〕の三相交流電源のb，c相の相電圧を極座標表示せよ．

6.4 c相が$\dot{V}_c = 100 + j100\sqrt{3}$〔V〕の相電圧をもつ三相交流電源のa，b相の相電圧を複素数表示せよ．

6.2 Y結線と△（デルタ）結線

(a) Y結線，△結線の性質

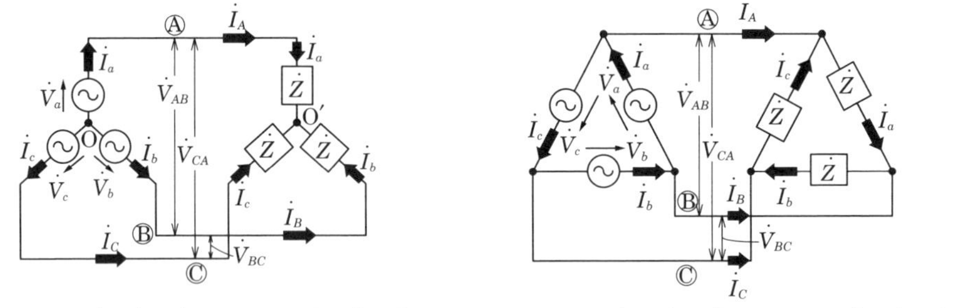

相電圧：$\dot{V}_a$，$\dot{V}_b$，$\dot{V}_c$，相電流：$\dot{I}_a$，$\dot{I}_b$，$\dot{I}_c$

線間電圧：$\dot{V}_{AB}$，$\dot{V}_{BC}$，$\dot{V}_{CA}$，線電流：$\dot{I}_A$，$\dot{I}_B$，$\dot{I}_C$

図 6・3

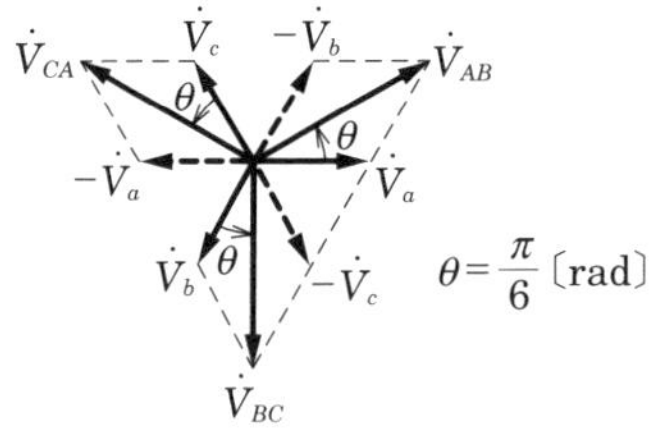

①線電流と相電流は等しい．
②線間電圧は相電圧より位相は$\pi/6$〔rad〕進み，大きさは$\sqrt{3}$倍となる．

$\dot{V}_{AB} = \dot{V}_a - \dot{V}_b$，$\dot{V}_{BC} = \dot{V}_b - \dot{V}_c$，$\dot{V}_{CA} = \dot{V}_c - \dot{V}_a$

(a) Y結線

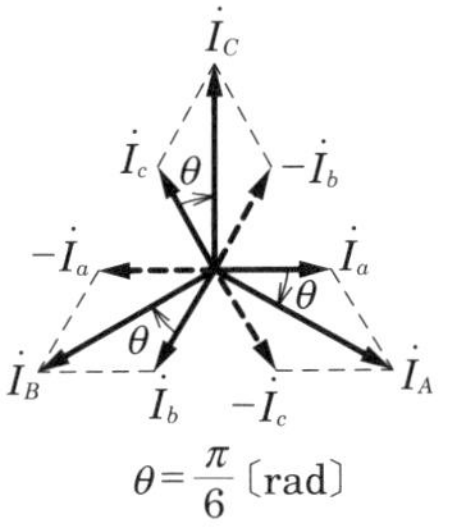

①線間電圧と相電圧は等しい．
②線電流は相電流より位相は$\pi/6$〔rad〕遅れ，大きさは$\sqrt{3}$倍となる．

$\dot{I}_A = \dot{I}_a - \dot{I}_c$，$\dot{I}_B = \dot{I}_b - \dot{I}_a$，$\dot{I}_C = \dot{I}_c - \dot{I}_b$

(b) △結線

図 6・4

(b) 三相電力

① 各相ごとにオームの法則が適用できる．

② 各相の電力は等しい．相電力 = 相電圧 × 相電流 × 力率

③ 三相電力 = 3 × 相電力 = 3 × 相電圧 × 相電流 × 力率

= $\sqrt{3}$ × 線間電圧 × 線電流 × 力率 = $\sqrt{3}\,VI\cos\theta$〔W〕

（各電圧，電流の値は実効値とする）

(c) 平衡三相回路

各相のインピーダンスが等しいときを**平衡三相回路**といい，このときの$\dot{I}_a$，$\dot{I}_b$，$\dot{I}_c$を**平衡三相交流**と呼ぶ．

例題 6.2

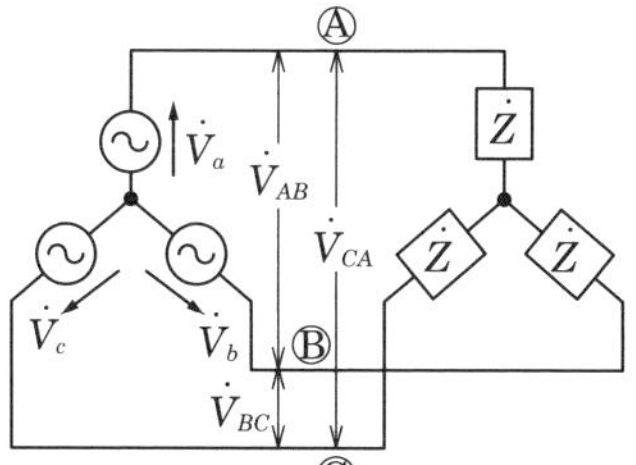

図に，a 相の電圧が $\dot{V}_a = V$〔V〕の Y 結線三相交流回路を示す．図を参照し，次の問に答えよ．

(1) b 相の電圧を複素数表示せよ．

(2) c 相の電圧を複素数表示せよ．

(3) 線間電圧 $\dot{V}_{AB}$，$\dot{V}_{BC}$，$\dot{V}_{CA}$ を求めよ．

(4) 線間電圧 $\dot{V}_{AB}$ は相電圧 $\dot{V}_a$ に対して，どのくらい位相がずれるか．また，大きさは何倍になるか．

解

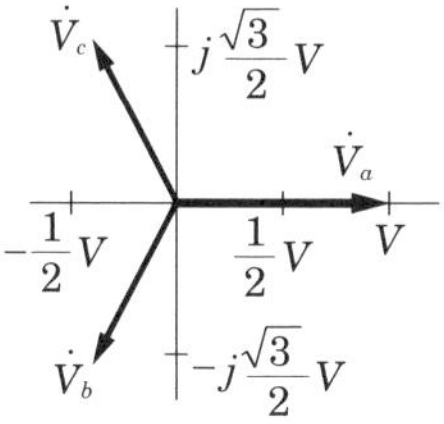

(a)

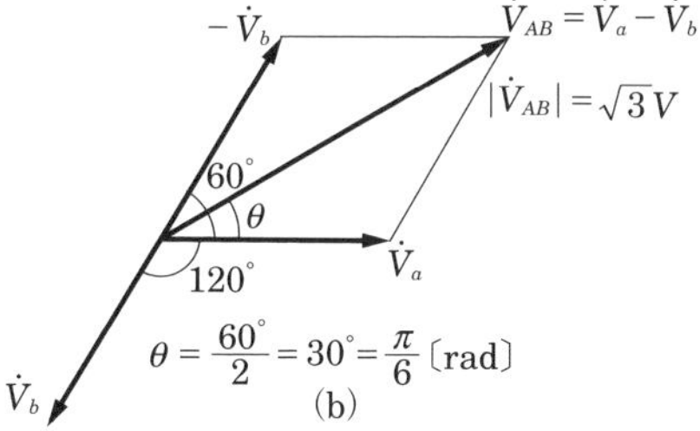

(b)

(1) 図(a)から，$\dot{V}_b = -(1/2)V - j(\sqrt{3}/2)V$〔V〕

(2) 図(a)から，$\dot{V}_c = -(1/2)V + j(\sqrt{3}/2)V$〔V〕

(3)

$$\dot{V}_{AB} = \dot{V}_a - \dot{V}_b = V - \left(-\frac{1}{2}V - j\frac{\sqrt{3}}{2}V\right) = \frac{3}{2}V + j\frac{\sqrt{3}}{2}V \text{〔V〕}$$

$$\dot{V}_{BC} = \dot{V}_b - \dot{V}_c = -\frac{1}{2}V - j\frac{\sqrt{3}}{2}V - \left(-\frac{1}{2}V + j\frac{\sqrt{3}}{2}V\right) = -j\sqrt{3}V \text{〔V〕}$$

$$\dot{V}_{CA} = \dot{V}_c - \dot{V}_a = -\frac{1}{2}V + j\frac{\sqrt{3}}{2}V - V = -\frac{3}{2}V + j\frac{\sqrt{3}}{2}V \text{〔V〕}$$

(4) $\dot{V}_a$ と $\dot{V}_{AB}$ のベクトル図を描き，位相角と $|\dot{V}_{AB}|$ を求める．

答 (1) $\dot{V}_b = -(1/2)V - j(\sqrt{3}/2)V$〔V〕

(2) $\dot{V}_c = -(1/2)V + j(\sqrt{3}/2)V$〔V〕

(3) $\dot{V}_{AB} = (3/2)V + j(\sqrt{3}/2)V$〔V〕，$\dot{V}_{BC} = -j\sqrt{3}$〔V〕，
$\dot{V}_{CA} = -(3/2)V + j(\sqrt{3}/2)V$〔V〕

(4) 位相は $\pi/6$ 進み，大きさは $\sqrt{3}$ 倍となる．

例題 6.3 図にa相の電流が$\dot{I}_a = I$〔A〕の△結線三相交流回路を示す．図を参照し，次の問に答えよ．

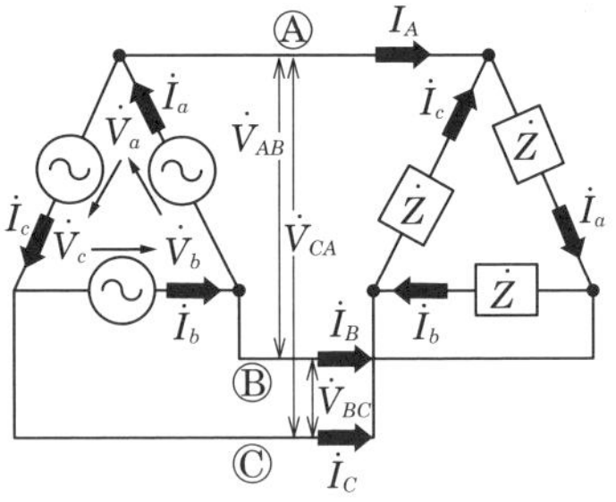

(1) b相の電流を複素数表示せよ．

(2) c相の電流を複素数表示せよ．

(3) 線電流$\dot{I}_A$，$\dot{I}_B$，$\dot{I}_C$を求めよ．

(4) 線電流$\dot{I}_A$は相電流$\dot{I}_a$に対して，どのくらい位相がずれるか．また，大ききは何倍になるか．

解

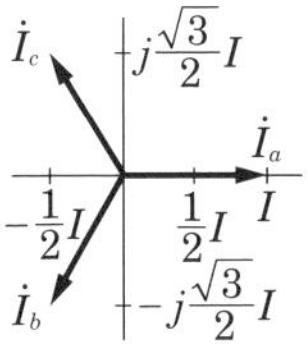

(a)

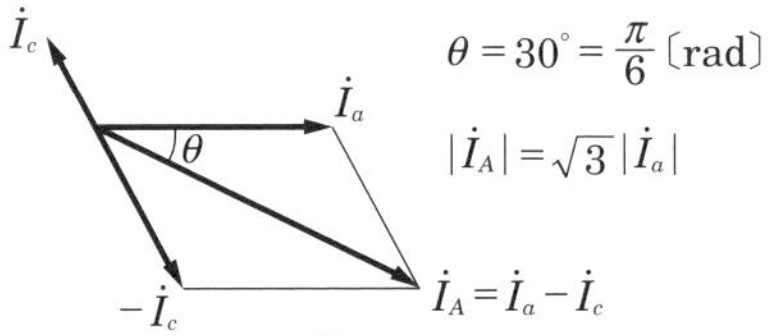

(b)

(1) 図(a)から$\dot{I}_b = -(1/2)I - j(\sqrt{3}/2)I$〔A〕

(2) 図(a)から$\dot{I}_c = -(1/2)I + j(\sqrt{3}/2)I$〔A〕

(3) キルヒホッフの第1法則より，

$$\dot{I}_A = \dot{I}_a - \dot{I}_c,\ \dot{I}_B = \dot{I}_b - \dot{I}_a,\ \dot{I}_C = \dot{I}_c - \dot{I}_b$$

$$\dot{I}_A = \dot{I}_a - \dot{I}_c = I - \left(-\frac{1}{2}I + j\frac{\sqrt{3}}{2}I\right) = \frac{3}{2}I - j\frac{\sqrt{3}}{2}I \text{〔A〕}$$

$$\dot{I}_B = \dot{I}_b - \dot{I}_a = -\frac{1}{2}I - j\frac{\sqrt{3}}{2}I - I = -\frac{3}{2}I - j\frac{\sqrt{3}}{2}I \text{〔A〕}$$

$$\dot{I}_C = \dot{I}_c - \dot{I}_b = -\frac{1}{2}I + j\frac{\sqrt{3}}{2}I - \left(-\frac{1}{2}I - j\frac{\sqrt{3}}{2}I\right) = j\sqrt{3}I \text{〔A〕}$$

(4) $\dot{I}_A$と$\dot{I}_a$のベクトル図を描き，位相角と$|\dot{I}_A|$を求める．

答 (1) $\dot{I}_b = -(1/2)I + j(\sqrt{3}/2)I$〔A〕　(2) $\dot{I}_c = -(1/2)I + j(\sqrt{3}/2)I$〔A〕

(3) $\dot{I}_A = (3/2)I - j(\sqrt{3}/2)I$〔A〕，$\dot{I}_B = -(3/2)I - j(\sqrt{3}/2)I$〔A〕，$\dot{I}_C = j\sqrt{3}I$〔A〕　(4) 位相は$\pi/6$遅れ，大きさは$\sqrt{3}$倍となる．

練習問題

6.5 次の文の(①)〜(⑩)に適当な語句や記号を記入せよ．

三相交流回路のY結線では，(①)電圧は(②)電圧に対して，位相が(③)〔rad〕進み，大きさが(④)倍となり，(②)電流と(⑤)電流は等しい．これに対して，△結線では，(⑥)電流は(⑦)電流に対して，位相が(⑧)〔rad〕遅れ，大きさが(⑨)倍となり，(⑦)電圧と(⑩)電圧は等しい．

6.6 図のY結線および△結線の回路にV= 200Vの三相交流電圧を加えたとき，それぞれの結線に対して次の値を求めよ．ただし，$R = 10\Omega$，$X_L = 8\Omega$とする．

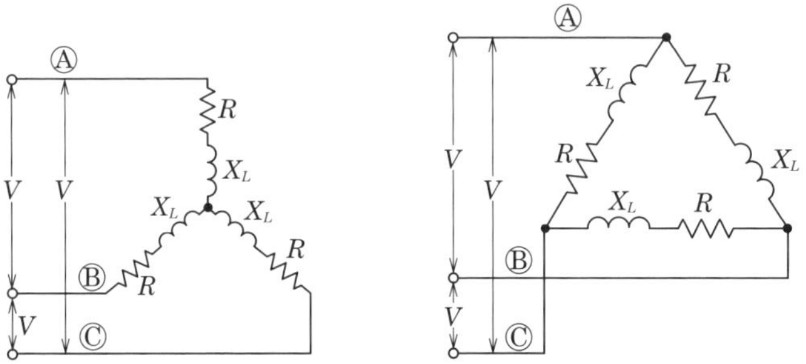

(a) Y結線　(b) △結線

(1) 線間電圧　(2) 相電圧　(3) 各相のインピーダンスの大きさ
(4) 力率($\cos\theta$)　(5) 線電流　(6) 相電流　(7) 相電力　(8) 三相電力

6.7 線間電圧が200V，線電流が2A，$\cos\theta = 0.9$のY結線三相交流回路の三相電力を求めよ．

6.8 線間電圧が200V，線電流が2A，$\cos\theta = 0.9$の△結線三相交流回路の三相電力を求めよ．

6.9 線間電圧 = 200V，$\cos\theta = 0.8$，三相電力 = 10kWのY結線三相交流回路の線電流を求めよ．

6.3 非正弦波交流

(a) 非正弦波交流

正弦波でない交流で，最大値，周波数，位相の異なる正弦波交流を合成したものとして扱う．

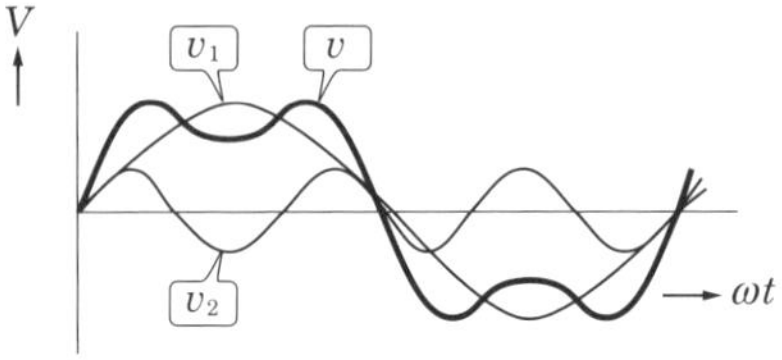

$v = v_1 + v_2$

図 6・5

$$v(t) = \underbrace{V_0}_{\text{直流分}} + \underbrace{\sqrt{2}V_1 \sin(\omega t + \theta_1)}_{\text{基本波}} + \underbrace{\sqrt{2}V_2 \sin(2\omega t + \theta_2)}_{\text{第2調波}}$$

$$+ \underbrace{\sqrt{2}V_3 \sin(3\omega t + \theta_3)}_{\text{第3調波}} + \cdots + \underbrace{\sqrt{2}V_n \sin(n\omega t + \theta_n)}_{\text{第}n\text{調波}}$$

上式において，第2調波以降の波を高調波という．

(b) 非正弦波交流のひずみ率

$$\text{ひずみ率}\,k = \frac{\text{高調波分の実効値}}{\text{基本波の実効値}} = \frac{\sqrt{V_2^2 + V_3^2 + V_4^2 + \cdots + V_n^2}}{V_1}$$

ひずみ率の値が小さいほど正弦波に近い．

(c) 非正弦波交流回路の電流

非正弦波交流回路の電流は，各調波ごとの電流値の和となる．

$$i = i_1 + i_2 + i_3 + \cdots + i_n$$

例題 6.4

図の非正弦波交流 v の瞬時値を求めよ．

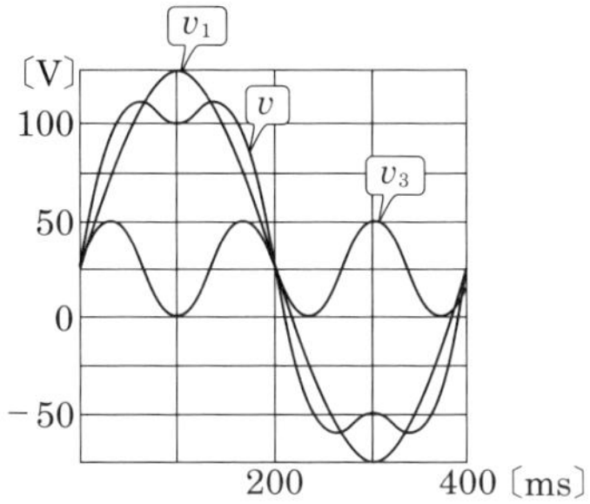

解　非正弦波交流 v を構成する直流分 V_0，第1調波（基本波）v_1，第3調波 v_3 を波形より読み取る．

振幅の中心が25Vの位置にあるので，直流分 $V_0 = 25$V，第1調波 v_1 に関しては，最大値 $\sqrt{2}\,V_1 = 125 - 25 = 100$V，周波数 $f_1 = 1/(400 \times 10^{-3}) = 2.5$Hz，角周波数 $\omega_1 = 2\pi f_1 = 2 \times \pi \times 2.5 = 5\pi$，したがって $v_1 = 100\sin 5\pi t$〔V〕，第3調波 v_3 に関しては，最大値 $\sqrt{2}\,V_3 = 50 - 25 = 25$V，周波数 $f_3 = 3/(400 \times 10^{-3}) = 7.5$Hz，角周波数 $\omega_3 = 2\pi f_3 = 2 \times \pi \times 7.5 = 15\pi$，したがって $v_3 = 25\sin 15\pi t$〔V〕，以上のことから $v = V_0 + v_1 + v_3 = 25 + 100\sin 5\pi t + 25\sin 15\pi t$〔V〕

答　$v = 25 + 100\sin 5\pi t + 25\sin 15\pi t$〔V〕

例題 6.5

$v_1 = 100\sqrt{2}\sin 4\pi t$〔V〕を基本波とする非正弦波交流電圧の第5調波の周波数 f_5 を求めよ．

解　非正弦波交流の第5調波は $\sqrt{2}\,V_5\sin(5\omega t + \theta_5)$ で表される．基本波は $v_1 = 100\sqrt{2}\sin 4\pi t$ なので，$\omega = 4\pi$ である．すなわち第5調波の角周波数 $\omega_5 = 5 \times 4\pi = 20\pi$〔rad/s〕，$\omega = 2\pi f$ より $f_5 = \omega_5/2\pi = 20\pi/2\pi = 10$Hz

答　10Hz

6.3 非正弦波交流

例題 6.6　非正弦波交流電圧 $v=20+100\sqrt{2}\sin\omega t-20\sqrt{2}\sin 2\omega t+4\sqrt{2}\sin 3\omega t$〔V〕のひずみ率を求めよ．

解

$$\text{ひずみ率}k=\frac{\text{高調波分の実効値}}{\text{基本波の実効値}}=\frac{\sqrt{V_2^2+V_3^2+V_4^2+\cdots+V_n^2}}{V_1}$$

である．基本波の実効値 $V_1=100\text{V}$，第2調波の実効値 $V_2=-20\text{V}$，第3調波の実効値 $V_3=4\text{V}$.

したがって，ひずみ率は

$$k=\frac{\sqrt{V_2^2+V_3^2}}{V_1}=\frac{\sqrt{(-20)^2+4^2}}{100}\fallingdotseq 0.204=20.4\%$$

答　20.4％

例題 6.7　図の回路に $v=2+3\sqrt{2}\sin\omega t+\sqrt{2}\sin 2\omega t$〔V〕の非正弦波交流電圧を加えたとき，回路を流れる電流 i を求めよ．

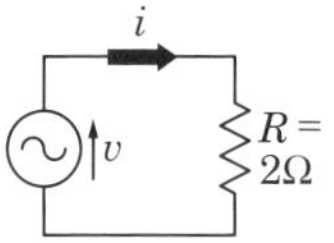

解　直流成分 $V_0=2\text{V}$，基本波 $v_1=3\sqrt{2}\sin\omega t$，第2調波 $v_2=\sqrt{2}\sin 2\omega t$ ごとの電流 I_0，i_1，i_2 の和を求める．

$$I_0=\frac{V_0}{R}=\frac{2}{2}=1A$$

$$i_1=\frac{v_1}{R}=\frac{3\sqrt{2}}{2}\sin\omega t=1.5\sqrt{2}\sin\omega t\ \text{〔A〕}$$

$$i_2=\frac{v_2}{R}=\frac{\sqrt{2}}{2}\sin 2\omega t=0.5\sqrt{2}\sin 2\omega t\ \text{〔A〕}$$

$$\therefore\quad i=I_0+i_1+i_2=1+1.5\sqrt{2}\sin\omega t+0.5\sqrt{2}\sin 2\omega t\ \text{〔A〕}$$

答　$i=1+1.5\sqrt{2}\sin\omega t+0.5\sqrt{2}\sin 2\omega t$〔A〕

練習問題

6.10 次の文中の（①）～（⑥）に適当な語句や記号を記入せよ．

非正弦波交流は（①），（②），（③）などが異なるいくつかの正弦波交流を合成した交流として表される．その一般式は（④）成分と（⑤）波と（⑥）波による．

6.11 次の非正弦波交流電圧 v を図示せよ．

$$v = 2 + 6\sin\omega t + 2\sin\left(2\omega t + \frac{\pi}{2}\right)〔\mathrm{V}〕$$

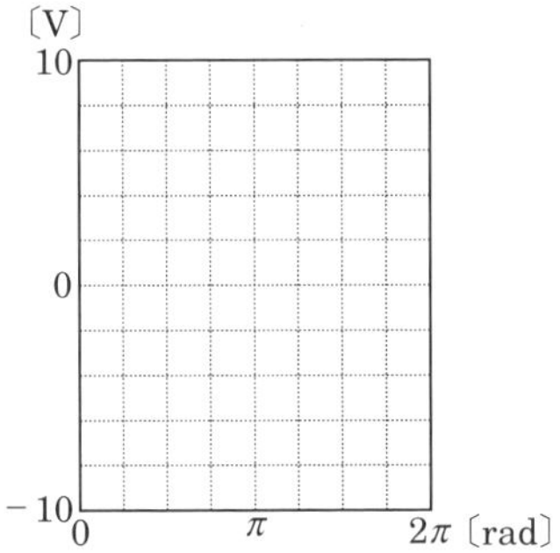

6.12 基本波が50Hzである非正弦波交流の第4調波の周波数を求めよ．

6.13 第2調波が $100\sin 20\pi t$〔V〕である非正弦波交流電圧の第3調波の周波数を求めよ．

6.14 図の回路に $v = 100\sqrt{2}\sin\omega t + 80\sqrt{2}\sin 2\omega t + 40\sqrt{2}\sin 3\omega t$〔V〕の非正弦波交流電圧を加えたとき，回路を流れる電流 i を求めよ．ただし，$\omega = 100\,\mathrm{rad/s}$ とする．

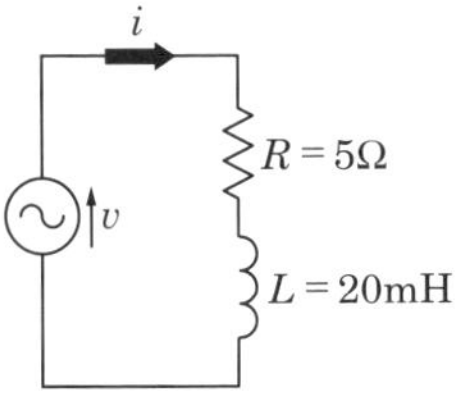

6.4 過渡現象

(a) 過渡現象

図のRC直列回路において，コンデンサが充放電されるときの振る舞いを**過渡現象**と呼ぶ．このときのR〔Ω〕× C〔F〕の値を**時定数**τ（s）と呼ぶ．コンデンサの充放電速度は時定数τの値が大きいほど遅れる．

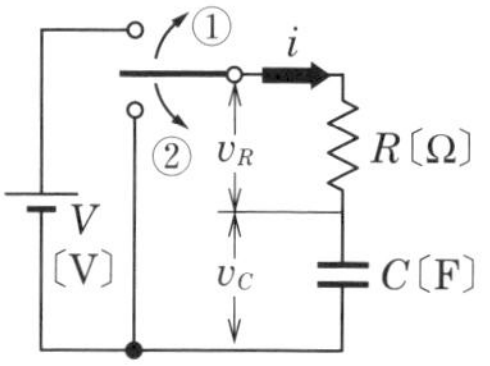

図 6·6

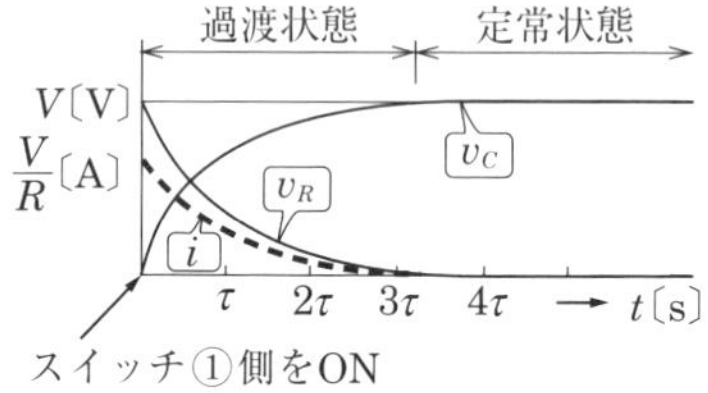

	i〔A〕	v_C〔V〕	v_R〔V〕
スイッチ①側をOFF	0	0	0
スイッチ①側をONした瞬間	$\dfrac{V}{R}$	0	V
十分時間が経過	0	V	0

図 6·7

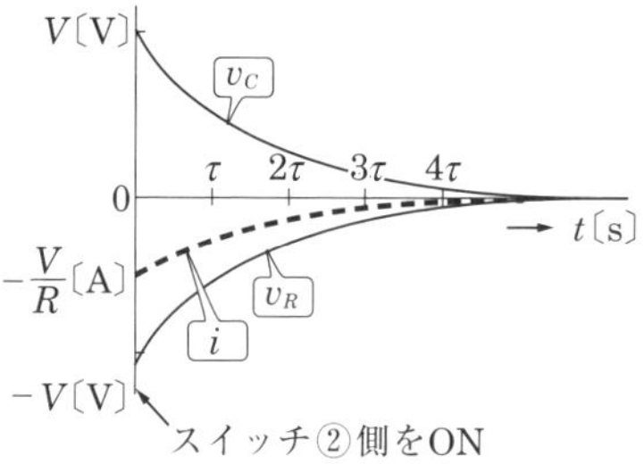

	i〔A〕	v_C〔V〕	v_R〔V〕
スイッチ②側をOFF	0	V	0
スイッチ②側をONした瞬間	$-\dfrac{V}{R}$	V	$-V$
十分時間が経過	0	0	0

図 6·8

(b) 微分回路と積分回路

パルス幅t_p〔s〕，周期T〔s〕の方形パルスv_iをRC直列回路に加えた場合，v_iのパルス幅t_pに比べ，時定数$\tau = RC$が小さい場合，v_Rはv_iの変化率を表す．このような回路を**微分回路**と呼ぶ．v_iのパルス幅t_pに対して，時定数$\tau = RC$が大きい場合，v_Cはv_iの時間的な積算値に比例する．このような回路を**積分回路**と呼ぶ．

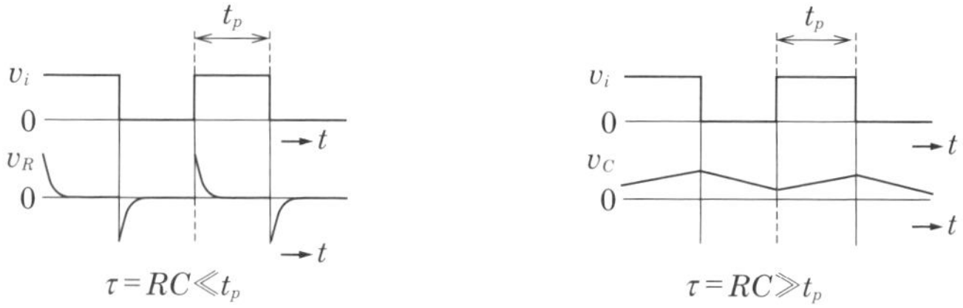

(a) 微分回路（v_Rを出力）　(b) 積分回路（v_Cを出力）

図 6·9

例題 6.8 図のRC直列回路において，スイッチを入れてから経過する時間tに対するコンデンサCの充電電圧$V_C(t)$は次の式で示される．

$$V_C(t) = E\left(1 - \varepsilon^{-t/\tau}\right)〔\mathrm{V}〕$$

(E：電源電圧，τ：時定数$R \times C$)

この式を用いて表の①～⑥を求め，その結果よりグラフを作成せよ．

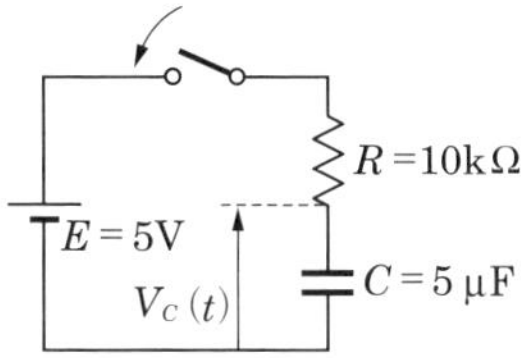

スイッチを入れてから経過する時間t〔ms〕	0	5	20	40	80	200
コンデンサCの充電電圧 $V_C(t)$〔V〕	①	②	③	④	⑤	⑥

解 時定数$\tau = R \times C = 10 \times 10^3 \times 5 \times 10^{-6} = 0.05$s，電源電圧$E = 5$Vからコンデンサ$C$の充電電圧$V_C(t) = E\{1 - \varepsilon^{-t/\tau}\} = 5\{1 - \varepsilon^{-t/0.05}\}$〔V〕

この式にtの値を代入し$V_C(t)$を求める．

① $V_C(0) = 5\left(1 - \varepsilon^{-\frac{0}{0.05}}\right) = 0\mathrm{V}$

② $V_C(5) = 5\left(1 - \varepsilon^{-\frac{0.005}{0.05}}\right) \fallingdotseq 0.476\mathrm{V}$

③ $V_C(20) = 5\left(1 - \varepsilon^{-\frac{0.02}{0.05}}\right) \fallingdotseq 1.65\mathrm{V}$

④ $V_C(40) = 5\left(1 - \varepsilon^{-\frac{0.04}{0.05}}\right) \fallingdotseq 2.75\mathrm{V}$

⑤ $V_C(80) = 5\left(1 - \varepsilon^{-\frac{0.08}{0.05}}\right) \fallingdotseq 3.99\mathrm{V}$

⑥ $V_C(200) = 5\left(1 - \varepsilon^{-\frac{0.2}{0.05}}\right) \fallingdotseq 4.91\mathrm{V}$

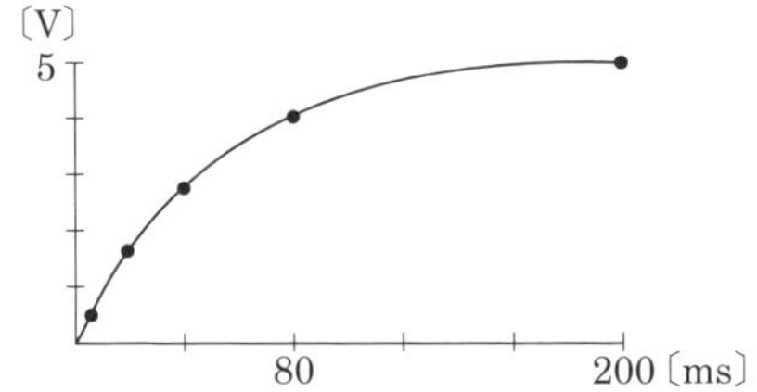

答 ① 0V　② 0.476V　③ 1.65V　④ 2.75V　⑤ 3.99V　⑥ 4.91V

例題 6.9 図 (a)～(d) について，微分回路に関するものと積分回路に関するものを選び，記号で答えよ．

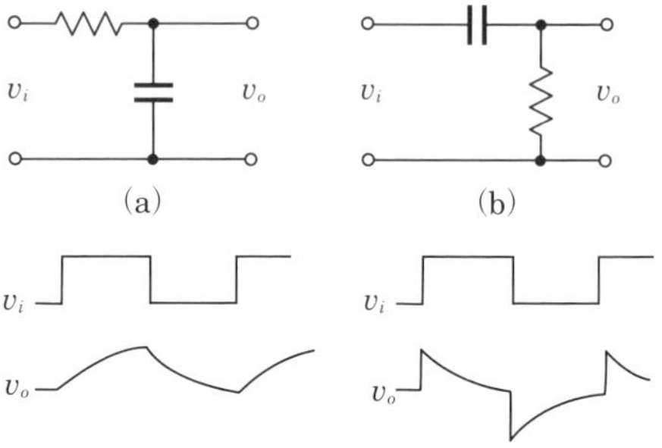

(a)　(b)　(c)　(d)

解 微分回路は抵抗の両端の電圧を出力電圧とし，積分回路はコンデンサの両端の電圧を出力電圧とする．微分回路の出力は入力電圧の変化率に比例し，積分回路の出力は入力電圧の時間的な積算値に比例する．

答 微分回路：(b)，(d)　積分回路：(a)，(c)

例題 6.10 図の (a)～(d) 回路において，それぞれの時定数を求めよ．ただし，いずれの回路においても $R = 5\text{k}\Omega$，$C = 200\mu\text{F}$ とする．

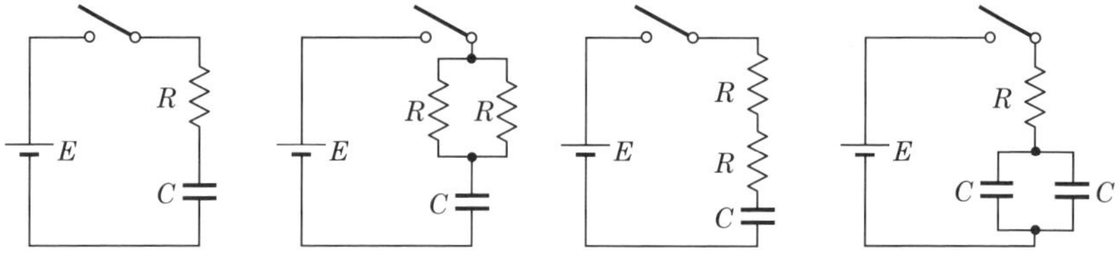

(a)　(b)　(c)　(d)

解

$$\tau_a = RC = 5 \times 10^3 \times 200 \times 10^{-6} = 1.0\,\text{s}$$

$$\tau_b = \frac{R^2}{2R} \times C = \frac{1}{2}RC = 0.5\,\text{s}$$

$$\tau_c = (R + R)C = 2RC = 2.0\,\text{s}$$

$$\tau_d = R(C + C) = 2RC = 2.0\,\text{s}$$

答 $\tau_a = 1.0\,\text{s}$，$\tau_b = 0.5\,\text{s}$，$\tau_c = 2.0\,\text{s}$，$\tau_d = 2.0\,\text{s}$

練習問題

6.15 次の文の（①）～（⑧）に適当な語句や記号を記入せよ．

RC直列回路において，コンデンサが充放電されるときの時間経過に対する振る舞いを（①）と呼ぶ．このときのR〔Ω〕×C〔F〕の値を（②）τ〔s〕と呼ぶ．コンデンサの充放電速度はτの値が大きいほど遅れる．

微分回路の出力電圧は入力電圧の（③）に比例し，RC直列回路の（④）の両端電圧を出力とする．積分回路の出力電圧は入力電圧の（⑤）に比例し，RC直列回路の（⑥）の両端電圧を出力とする．微分回路においては，回路のτと入力する方形波のパルス幅t_pとの間にはτ（⑦）t_pの関係があり，積分回路ではτ（⑧）t_pの関係がある．

6.16 図の回路において，スイッチを①から②の状態にしてからの経過時間t〔s〕に対するコンデンサCの電圧V_Cは$V_C = Ee^{-t/\tau}$〔V〕で求めることができる（τは回路の時定数，Eは電源電圧）．この式より表の①～⑥を求め，グラフに示せ．

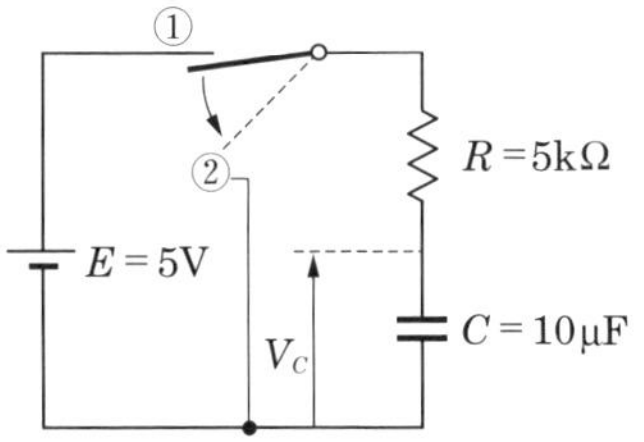

t〔ms〕	0	20	30	60	100	200
V_C〔V〕	①	②	③	④	⑤	⑥

6.17 図のRC直列回路の入力に方形波を与えたとき，入力が変化してから出力が入力の90％に達するまでの時間τは，$T = 2.3\tau$〔s〕で求まる．図を参照し，次の問に答えよ．

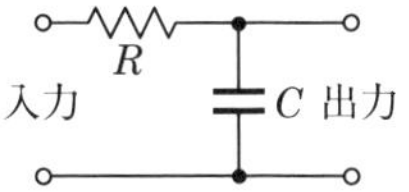

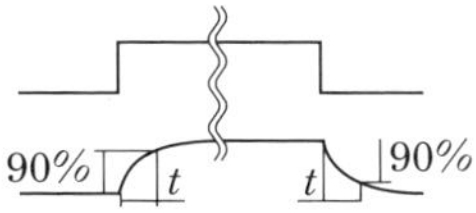

(1) $R = 300\Omega$，$C = 5\mu\text{F}$のとき，τおよびTを求めよ．

(2) $R = 10\text{k}\Omega$，$C = 12\text{pF}$のとき，τおよびTを求めよ．

(3) $R = 6\text{M}\Omega$，$C = 8\text{pF}$のとき，τおよびTを求めよ．

6章　章末問題

1．b相の相電圧が $200\sqrt{2}\angle 0$〔V〕の三相交流電源のa，c相の相電圧を極座標表示せよ．

2．線間電圧が200V，線電流が5A，$\cos\theta = 0.8$ の Y 結線三相交流回路の三相電力を求めよ．

3．線間電圧が200V，線電流が5A，$\cos\theta = 0.8$ の△結線三相交流回路の三相電力を求めよ．

4．線間電圧 = 200V，$\cos\theta = 0.9$，三相電力 = 50kW の Y 結線三相交流回路の線電流を求めよ．

5．非正弦波交流電圧 $v = 10 + 120\sqrt{2}\sin\omega t + 10\sqrt{2}\sin 2\omega t - 5\sqrt{2}\sin 3\omega t$〔V〕のひずみ率を求めよ．

6．図の回路に $v = 200\sqrt{2}\sin\omega t + 100\sqrt{2}\sin 2\omega t + 50\sqrt{2}\sin 3\omega t$〔V〕の非正弦波交流電圧を加えたとき，回路を流れる電流 i を求めよ．ただし，ω=50rad/s，$R = 10\Omega$，$L = 80$mH とする．

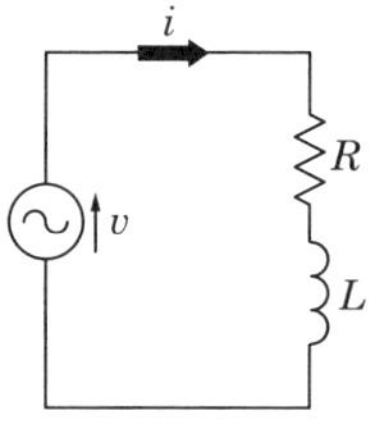

図6・10

練習問題・章末問題の解答

第１章

練習問題

1.1　① A　② 高　③ 低　④ V　⑤ Ω　⑥ にくく

1.2　① 小さ　② 大き

1.3　① 0.856　② 40　③ 1.402　④ 0.432　⑤ 1 250　⑥ 0.125
⑦ 30　⑧ 1.263　⑨ 1.256　⑩ 1 200　⑪ 0.033　⑫ 10

1.4

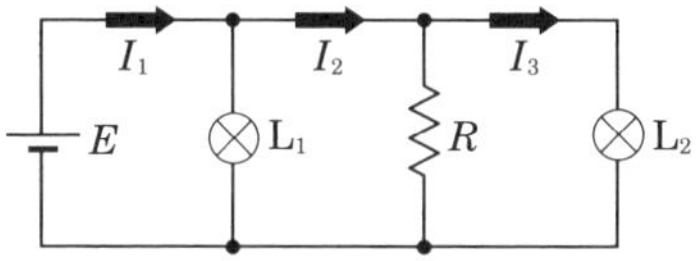

解図1

1.5　$I = \frac{V}{R} = \frac{2}{10} = 0.2\text{A}\ (200\text{mA})$

1.6　$R = \frac{V}{I} = \frac{100}{0.4} = 250\Omega$

1.7　$V = IR = 3 \times 20 = 60\text{V}$

1.8　① $R_1 = \frac{V}{I_1} = \frac{5}{100 \times 10^{-3}} = 50\Omega$

② $R_2 = \frac{V}{I_2} = \frac{10}{100 \times 10^{-3}} = 100\Omega$

③ $R_3 = \frac{V}{I_3} = \frac{10}{50 \times 10^{-3}} = 200\Omega$

④ 小さい

1.9　抵抗値 1Ω：$I = \frac{E}{R} = \frac{10}{1} = 10\text{A}$

抵抗値 2Ω：$I = \frac{E}{R} = \frac{10}{2} = 5\text{A}$

抵抗値 5Ω：$I = \frac{E}{R} = \frac{10}{5} = 2\text{A}$

抵抗値10Ω：$I = \frac{E}{R} = \frac{10}{10} = 1\text{A}$

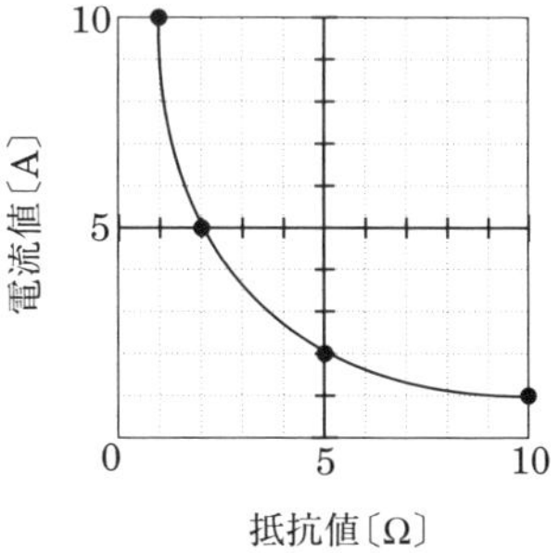

解図2

1.10 (a) $R + R + R = 3R = 18\Omega$　(b) $\dfrac{R \times R}{R + R} + R = 3 + 6 = 9\Omega$

(c) $\dfrac{2R \times R}{2R + R} = \dfrac{2R^2}{3R} = \dfrac{2}{3}R = 4\Omega$　(d) $\left(\dfrac{1}{3}\right)R = 2\Omega$

1.11 直列抵抗：$24 + 36 = 60\Omega$　並列抵抗：$\dfrac{24 \times 36}{24 + 36} = \dfrac{864}{60} = 14.4\Omega$

1.12 $R = V / I = 200 / 2 = 100\Omega$，すなわち直列に接続する抵抗は$100 - 25 = 75\Omega$

1.13 (1) $I_1 = \dfrac{R_2}{R_1 + R_2} I = \dfrac{12}{4 + 12} \times 1 = 0.75\text{A}$

$I_2 = \dfrac{R_1}{R_1 + R_2} I = \dfrac{4}{4 + 12} \times 1 = 0.25\text{A}$

(2) $R_0 + \dfrac{1}{(1/R_1) + (1/R_2)} = 6 + \dfrac{1}{(1/4) + (1/12)} = 9\Omega$

(3) $V_{ab} = IR_0 = 1 \times 6 = 6\text{V}$，$V_{bc} = I_1 R_1 = 0.75 \times 4 = 3\text{V}$，$V_{ac} = V_{ab} + V_{bc} = 6 + 3 = 9\text{V}$

1.14 (1) $R_{bc} = \dfrac{1}{\left(\dfrac{1}{R_1}\right) + \left(\dfrac{1}{R_2}\right) + \left(\dfrac{1}{R_3}\right)} = \dfrac{1}{\left(\dfrac{1}{3}\right) + \left(\dfrac{1}{6}\right) + \left(\dfrac{1}{2}\right)} = 1\Omega$

(2) $R_{ac} = R_0 + R_{bc} = 3 + 1 = 4\Omega$　(3) $I = \dfrac{E}{R_{ac}} = \dfrac{10}{4} = 2.5\text{A}$

(4) $V_{ab} = IR_0 = 2.5 \times 3 = 7.5\text{V}$　(5) $V_{bc} = IR_{bc} = 2.5 \times 1 = 2.5\text{V}$

(6) $I_1 = \dfrac{V_{bc}}{R_1} = \dfrac{2.5}{3} \fallingdotseq 0.83\text{A}$　$I_2 = \dfrac{V_{bc}}{R_2} = \dfrac{2.5}{6} \fallingdotseq 0.42\text{A}$

$I_3 = \dfrac{V_{bc}}{R_3} = \dfrac{2.5}{2} = 1.25\text{A}$

1.15 ① 電流計　② 並列　③ 電圧計　④ 直列

1.16 倍率 $n = \dfrac{600}{150} = 4$　倍率器$R_m = (n-1)\ r_v = 3 \times 15 = 45\text{k}\Omega$

1.17 倍率 $m = \dfrac{10}{2.5} = 4$　分流器 $R_s = \dfrac{r_a}{m - 1} = \dfrac{0.21}{4 - 1} = 0.07\Omega$

1.18 $m = \dfrac{100}{10} = 10$　$R_s = \dfrac{r_a}{m - 1} = \dfrac{5}{9} \fallingdotseq 0.56\Omega$

1.19 ① R_1　② 10　③ R_1　④ R_2　⑤ 100　⑥ 1 000

1.20 ① 抵抗率　② 高　③ 低

1.21 導電率$\sigma = \dfrac{1}{\text{抵抗率}\ \rho} = \dfrac{1}{1.724 \times 10^{-8}} \fallingdotseq 58.0 \times 10^6 \text{S/m}$

1.22 $\sigma = \dfrac{1}{\rho} = \dfrac{1}{9.8 \times 10^{-8}} \fallingdotseq 10.2 \times 10^6 \text{S/m}$

1.23 ① 比例　② 反比例　③ 2　④ 1 / 2

1.24 抵抗 $R=\rho\dfrac{l}{A}=1.77\times10^{-8}\dfrac{2\times10^3}{1.5^2\pi\times10^{-6}}\fallingdotseq5.01\Omega$

1.25 ① 1　② 小さい　③ 上　④ 下

1.26 60℃のときの抵抗値：$R_{60}=R_{20}\{1+\alpha_{20}(60-20)\}=5.0\{1+0.0084(60-20)\}$

$=6.68\Omega$

100℃のときの抵抗値：$R_{100}=R_{20}\{1+\alpha_{20}(100-20)\}=5.0\{1+0.0084(100-20)\}$

$=8.36\Omega$

1.27 $R=\rho\dfrac{l}{A}=110\times10^{-8}\dfrac{1000}{0.5^2\pi\times10^{-6}}\fallingdotseq1.4\text{k}\Omega$

1.28 $\rho=\dfrac{R}{\dfrac{l}{A}}=\dfrac{RA}{l}=\dfrac{3.348\times1.3^2\times\pi\times10^{-6}}{1\,000}\fallingdotseq1.78\times10^{-8}\Omega\cdot\text{m}$

1.29 ① 内部抵抗　② Ir　③ $E-Ir$

1.30 ① IH　② 0　③ IH

1.31 (1) $\Sigma R=r+R_L=1.0+2.0=3.0\Omega$，$I=E/\Sigma R=9.0/3.0=3.0\text{A}$

$V=E-Ir=9.0-3.0\times1.0=6.0\text{V}$

(2) $r=0$として，$I=E/R_L=9.0/2.0=4.5\text{A}$,　$V=E=9.0\text{V}$

1.32 (1) $I=\dfrac{nE}{nr+R_L}=\dfrac{8\times1.5}{8\times0.2+4.0}\fallingdotseq2.14\text{A}$　　$V_{RL}=IR_L=2.14\times4.0=8.56\text{V}$

(2) $I=\dfrac{E}{\dfrac{r}{n}+R_L}=\dfrac{1.5}{\dfrac{0.2}{8}+4.0}\fallingdotseq0.37\text{A}$　　$V_{RL}=IR_L=0.37\times4.0=1.48\text{V}$

1.33 個数をnとすると，$2.5n=10(0.1n+0.9)$より，$n=6$

1.34 $V=E-rE/(R_L+r)$ より，$r=\dfrac{R_L(E-V)}{V}=\dfrac{8.0\times(1.5-1.45)}{1.45}\fallingdotseq0.28\Omega$

1.35 $W=IH$より，$H=\dfrac{W}{I}=\dfrac{120}{5}=24\text{h}$

章末問題

1. ① 0.765　② 1.53　③ 0.072　④ 6 450　⑤ 1.26

2. $V=IR=50\times10^{-3}\times40=2\text{V}$

3. (1) $R=R_1+R_2=10+5=15\Omega$　(2) $I=V/R=12/15=800\text{mA}$

(3) $V_1=IR_1=0.8\times10=8\text{V}$，$V_2=IR_2=0.8\times5=4\text{V}$

4. (1) $R=(R_1\times R_2)/(R_1+R_2)=(4\text{k}\times2\text{k})/(4\text{k}+2\text{k})=(8\times10^3/6)\fallingdotseq1.33\text{k}\Omega$

(2) $I=E/R=5/(8\times10^3/6)=3.75\text{mA}$

(3) $I_1=E/R_1=5/(4\times10^3)=1.25\text{mA}$

$I_2=E/R_2=5/(2\times10^3)=2.5\text{mA}$

5. 倍率器の倍率n = 最大測定電圧値 / 電圧計の最大目盛 = 100 / 20 = 5

倍率器の倍率$n = 1 +$ 倍率器R_m / 内部抵抗r_vより$R_m = (n-1) \times r_v = (5-1) \times 10\text{k} = 40\text{k}\Omega$

6. 長さ$l = 500\text{m}$，断面積$A = 2 \times 2 \times \pi = 4\pi$〔mm^2〕$= 4\pi \times 10^{-6}\,\text{m}^2$

抵抗$R = \rho l / A = 1.72 \times 10^{-8} \times 500 / (4\pi \times 10^{-6}) \fallingdotseq 0.684\Omega$

7. 個数をnとすると$V = IR$から，$1.5n = 1.0\,(0.5n + 2.0)$ ∴ $n = 2$

第2章

練習問題

2.1 ① 和　② 0　③ 正　④ 流出　⑤ 閉回路　⑥ 和　⑦ 電源電圧

2.2 図の接続点ⓐ，ⓑおよび閉回路①，②についてキルヒホッフの法則を適用する．

$I_1 + I_3 = I_2$

$E = I_2R_2 + I_1R_1$ $(10 = 3I_2 + 2I_1)$

$E = I_2R_2 + I_3R_3$ $(10 = 3I_2 + 6I_3)$

連立方程式を解いて，

$I_1 \fallingdotseq 1.66\text{A}$，$I_2 \fallingdotseq 2.22\text{A}$，$I_3 \fallingdotseq 0.56\text{A}$

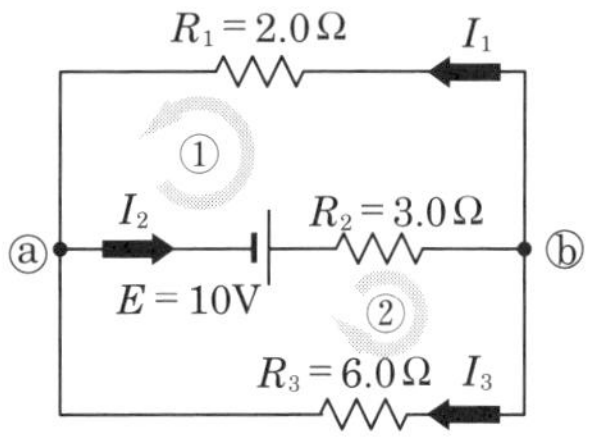

解図3

2.3 図のように，I_3を$I_1 + I_2$として式をたてると，

$4I_1 - 9I_2 = 7.6 - 11.4$

$9I_2 + 6(I_1 + I_2) = 11.4$

これを整理し，

$4I_1 - 9I_2 = -3.8$

$6I_1 + 15I_2 = 11.4$

これを解いて，$I_1 = 0.4\text{A}$，$I_2 = 0.6\text{A}$，$I_3 = I_1 + I_2 = 1.0\text{A}$

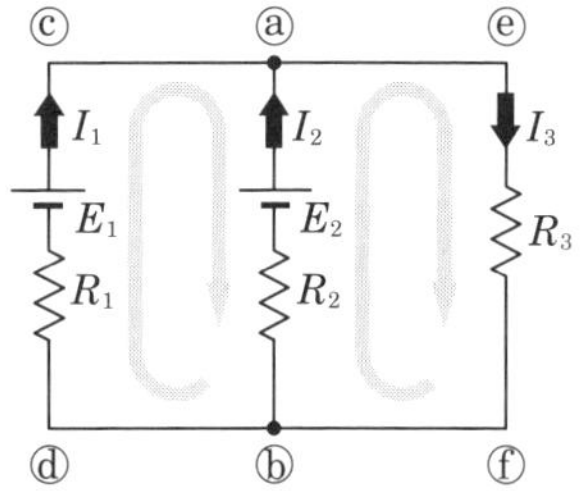

解図4

2.4 $I_1 + I_2 = I_3$，$2I_1 - 3I_2 = 2$，$3I_2 + 10I_3 = 5$

これらの連立方程式を解いて，

$$I_1 = \frac{41}{56} \fallingdotseq 0.73\text{A} \quad , \quad I_2 = \frac{-5}{28} \fallingdotseq -0.18\text{A} \quad , \quad I_3 = \frac{31}{56} \fallingdotseq 0.55\text{A}$$

2.5 $I_1 + I_2 + I_3 = 0$，$10I_1 - 2I_2 = 6 - 4$，$2I_2 - 5I_3 = 4 - 2$

整理して

$I_1 + I_2 + I_3 = 0$

$5I_1 - I_2 = 1$

$2I_2 - 5I_3 = 2$

連立方程式を解いて

$$I_1=\frac{9}{40}\fallingdotseq 0.23\text{A}\quad , \quad I_2=\frac{1}{8}\fallingdotseq 0.13\text{A}\quad , \quad I_3=\frac{-7}{20}\fallingdotseq -0.35\text{A}$$

2.6 ① I_1+I_2 ② $E_1/(R_1+R_2)$ ③ $-E_2/(R_1+R_2)$ ④ 0.4

2.7 $$I_1=\frac{E}{R_1+\frac{R_2R_3}{R_2+R_3}}=\frac{8.0}{6.0+\frac{3.0\times 6.0}{3.0+6.0}}=1.00\text{A}$$

$$I_2=\frac{R_3}{R_2+R_3}I_1=\frac{6.0}{3.0+6.0}\times 1.00\fallingdotseq 0.67\text{A}$$

$$I_3=-\frac{R_2}{R_2+R_3}I_1=-\frac{3.0}{3.0+6.0}\times 1.00\fallingdotseq -0.33\text{A}$$

2.8 電源E_2，E_3それぞれに注目し，図(a)，(b)の回路を考える．

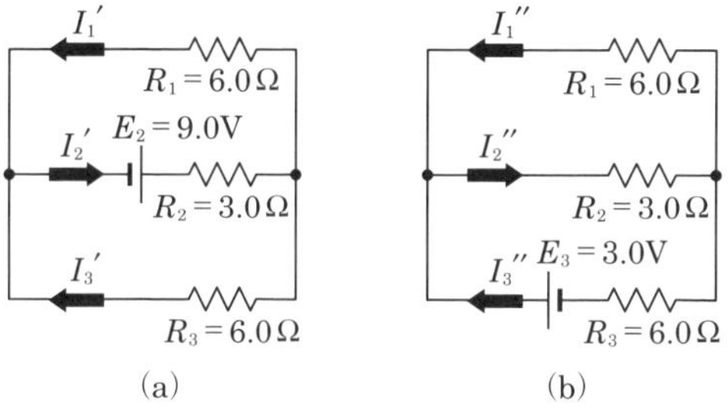

解図5

$$I_1'=0.75\text{A}\qquad I_2'=\frac{9}{\frac{6\times 6}{6+6}+3}=1.50\text{A}\qquad I_3'=0.75\text{A}$$

$$I_1''\fallingdotseq -0.13\text{A}\qquad I_2''\fallingdotseq 0.25\text{A}\qquad I_3''=\frac{3}{\frac{6\times 3}{6+3}+6}\fallingdotseq 0.38\text{A}$$

$$I_1=I_1'+I_1''=0.75-0.13=0.62\text{A}$$

$$I_2=I_2'+I_2''=1.50+0.25=1.75\text{A}$$

$$I_3=I_3'+I_3''=0.75+0.38=1.13\text{A}$$

2.9 (1) $I_1=I_1'+I_1''+I_1'''\fallingdotseq 0.56+0.78-0.19=1.15\text{A}$

$I_2=I_2'+I_2''+I_2'''\fallingdotseq 0.37+1.55+0.37=2.29\text{A}$

$I_3=I_3'+I_3''+I_3'''\fallingdotseq -0.19+0.78+0.56=1.15\text{A}$

(2) $I_1=1.30+0.65-0.65=1.30\text{A}$

$I_2=0.65+1.30+0.65=2.60\text{A}$

$I_3=-0.65+0.65+1.30=1.30\text{A}$

2.10 ① $R_4/(R_1+R_4)E$ ② $R_3/(R_2+R_3)E$ ③ $R_3/(R_2+R_3)E$

2.11 (1) 0V

(2) ⓒ-ⓑ間：5V(ⓒ-ⓐ間の電圧と同じ)，ⓑ-ⓓ間：8V(ⓐ-ⓓ間の電圧と同じ)

2.12 (1) 点ⓐの電位

$$V_a = \frac{R_x}{R_1 + R_x} E = \frac{150}{4000 + 150} \times 10 \doteqdot 0.361\text{V}$$

点ⓑの電位

$$V_b = \frac{R_3}{R_2 + R_3} E = \frac{200}{3000 + 200} \times 10 = 0.625\text{V}$$

点ⓑから点ⓐの方向に電流が流れる．

点ⓐ，ⓑ間の電位差$V_{ab} = | V_a - V_b | = 0.264\text{V}$

点ⓐ，ⓑ間の合成抵抗R_{ab}は，$(R_1 + R_2)$と$(R_x + R_3)$の並列抵抗である．すなわち，

$$R_{ab} = \frac{(R_1 + R_2) \times (R_x + R_3)}{(R_1 + R_2) + (R_x + R_3)} = \frac{7000 \times 350}{7000 + 350} \doteqdot 333.3\Omega$$

ⓐ，ⓑ間に流れる電流は，$I_{ab} = V_{ab} / R_{ab} = 0.264 / 333.3 \doteqdot 0.79\text{mA}$

(2) $R_x = R_1 R_3 / R_2 = 100 \times 25 / 10 = 250\Omega$

2.13 $\frac{(15+24) \times (5+8)}{(15+24)+(5+8)} = \frac{39 \times 13}{39 + 13} \doteqdot 9.75\Omega$

(図のブリッジ回路は平衡しているので，20Ωの抵抗には電流が流れない．すなわち20Ωを取り除いたものとして考える．)

2.14 ① 電気エネルギー　② W　③ RI^2　④ Pt　⑤ 1　⑥ 0.24

2.15 $P = VI$，$V = IR$より

$$P = \frac{V^2}{R}$$

したがって$R = V^2 / P = 100^2 / 50 = 200\Omega$

$V = 50\text{V}$の場合は，$P = V^2 / R = 50^2 / 200 = 12.5\text{W}$

2.16 $P_t = \frac{V^2}{R} t = \frac{100^2}{50} \times 10 = 2\,000\text{W} \cdot \text{h} = 2\text{kW} \cdot \text{h}$

$$2\,000\text{W} \cdot \text{h} = 7\,200\,000\text{W} \cdot \text{s} = 7\,200\,000\text{J} = 0.24 \times 7\,200\,000\text{cal} = 1\,728\,000\text{cal}$$

$$\Delta T = \frac{1\,728\,000}{100 \times 1000} = 17.28\,℃$$

2.17 (1) $P = I^2 R = (10 \times 10^{-3})^2 \times 200 = 0.02\text{W}$

(2) $P = I^2 R$より $I = \sqrt{P / R} = \sqrt{2 / 50} = 0.2\text{A}$

2.18 R_1を流れる電流

$$I_1 = \frac{V}{\Sigma R} = \frac{50}{5 + \frac{3 \times 2}{3 + 2}} = \frac{50}{6.2} \doteqdot 8.06\text{A}$$

R_2を流れる電流

$$I_2 = \frac{R_3}{R_2 + R_3} I_1 = \frac{2}{3+2} \times 8.06 \fallingdotseq 3.22\mathrm{A}$$

R_3を流れる電流

$$I_3 = \frac{R_2}{R_2 + R_3} I_1 = \frac{3}{3+2} \times 8.06 \fallingdotseq 4.84\mathrm{A}$$

R_1における電力量

$$P_{t1} = I_1^2 R_1 t = (8.06)^2 \times 5 \times 10 \times 60 = 194\,890.8\mathrm{W \cdot s}$$

$$\frac{194\,890.8\mathrm{W \cdot s}}{3\,600} \fallingdotseq 54.1\mathrm{W \cdot h}$$

R_1における発熱量

$$H_1 = 194\,890.8\mathrm{W \cdot s} \times 0.24 \div 1\,000 \fallingdotseq 46.8\mathrm{kcal}$$

R_2における電力量

$$P_{t2} = I_2^2 R_2 t = (3.22)^2 \times 3 \times 10 \times 60 = 18\,663.12\mathrm{W \cdot s}$$

$$\frac{18\,663.12\mathrm{W \cdot s}}{3\,600} = 5.18\mathrm{W \cdot h}$$

R_2における発熱量

$$H_2 = 18\,663.12\mathrm{W \cdot s} \times 0.24 \div 1\,000 \fallingdotseq 4.48\mathrm{kcal}$$

R_3における電力量

$$P_{t3} = I_3^2 R_3 t = (4.84)^2 \times 2 \times 10 \times 60 = 28\,110.72\mathrm{W \cdot s}$$

$$\frac{28\,110.72\mathrm{W \cdot s}}{3\,600} \fallingdotseq 7.81\mathrm{W \cdot h}$$

R_3における発熱量

$$H_3 = 28\,110.72\mathrm{W \cdot s} \times 0.24 \div 1\,000 \fallingdotseq 6.75\mathrm{kcal}$$

章末問題

1. キルヒホッフの法則より，

$$I_3 = I_1 + I_2,\quad R_1 I_1 - R_2 I_2 = E_1 - E_2,\quad R_2 I_2 + R_3 (I_1 + I_2) = E_2$$

値を代入し方程式を解くと，

$$I_1 = 35 / 22 \fallingdotseq 1.59\mathrm{A},\quad I_2 = -5 / 11 \fallingdotseq -0.455\mathrm{A},\quad I_3 = 25 / 22 \fallingdotseq 1.14\mathrm{A}$$

2. E_1をショートした場合，

$$I_1' = \frac{-10}{11}\mathrm{A} \qquad I_2' = \frac{15}{11}\mathrm{A} \qquad I_3' = \frac{25}{11}\mathrm{A}$$

E_2をショートした場合，

$$I_1'' = \frac{15}{11}\text{A} \qquad I_2'' = \frac{60}{11}\text{A} \qquad I_3'' = \frac{45}{11}\text{A}$$

$$I_1 = I_1' + I_1'' = \frac{-10}{11} + \frac{15}{11} = \frac{5}{11} \fallingdotseq 0.455\text{A}$$

$$I_2 = I_2' + I_2'' = \frac{15}{11} + \frac{60}{11} = \frac{75}{11} \fallingdotseq 6.82\text{A}$$

$$I_3 = I_3' + I_3'' = \frac{25}{11} + \frac{45}{11} = \frac{70}{11} \fallingdotseq 6.36\text{A}$$

3. $R_4 = \dfrac{R_1 R_3}{R_2} = \dfrac{10\times 10^3 \times 300}{6\times 10^3} = 500\Omega$

4. $P_t = \dfrac{V^2}{R}t = \dfrac{12^2}{20}\times 3 = 21.6\text{W}\cdot\text{h}$

$21.6\text{W}\cdot\text{h} = 77\,760\text{W}\cdot\text{s} = 77\,760\text{J} = 0.24\times 77\,760\text{cal} = 18\,662.4\text{cal}$

$\Delta T = \dfrac{18\,662.4}{2\times 1\,000} \fallingdotseq 9.33$ ℃

第3章

練習問題

3.1 ① 1/2　② $2/\pi$　③ 最小　④ 最大　⑤ 1　⑥ 瞬時値　⑦ $1/\sqrt{2}$

3.2 ① 360　② 180　③ 60　④ $(2/3)\pi$　⑤ $(1/4)\pi$　⑥ $(3/2)\pi$

3.3 (1) $V_m = 80\text{V}$　(2) $V_{av} = (2/\pi)\times V_m = (2/\pi)\times 80 = 160/\pi$〔V〕

(3) $V_{p\text{-}p} = 2V_m = 2\times 80 = 160$〔V〕　(4) $V = (1/\sqrt{2})\times V_m = 80/\sqrt{2} = 40\sqrt{2}$〔V〕

(5) $\omega = 40$ rad/s　(6) $f = \omega/(2\pi) = 40/(2\pi) = 20/\pi$〔Hz〕

(7) $T = 1/f = 1/(20/\pi) = \pi/20$〔s〕

3.4 (1) v_1

(2) $v_1 = V_m \sin(\omega t + \theta_1) = 50\sin\left(20\pi t + \dfrac{\pi}{8}\right)$〔V〕

$v_2 = V_m \sin\omega t = 50\sin(20\pi t)$〔V〕

$v_3 = V_m \sin(\omega t + \theta_2) = 50\sin\left(20\pi t - \dfrac{\pi}{8}\right)$〔V〕

3.5 $V_m = 100\text{V}$

$\omega = 2\pi f = 2\pi \times 200\times 10^3 = 4\pi\times 10^5$〔rad/s〕

$\theta = -\dfrac{1}{4}\pi$〔rad〕

したがって瞬時値は,

$$v = 100\sin\left(4\pi t \times 10^5 - \frac{1}{4}\pi\right)〔V〕$$

3.6 ① 極形式（極座標表示） ② X ③ 力 ④ 実効値 ⑤ 位相角

3.7

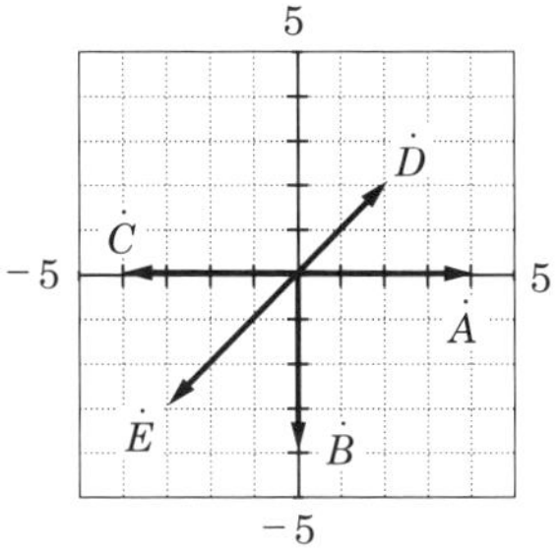

解図6

3.8 図より，

$\dot{A} + \dot{B} = 4\sqrt{2}\underline{/-45°}$

$\dot{B} - \dot{A} = 4\sqrt{2}\underline{/-135°}$

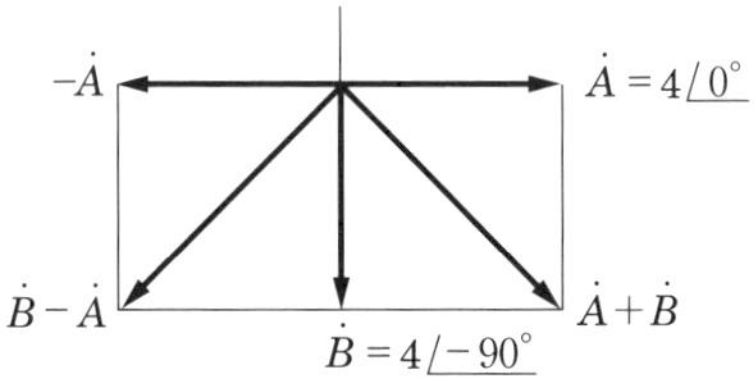

解図7

3.9 (1) $\dot{V}_1 = 50\underline{/0°}$ (2) $\dot{V}_2 = 100\underline{/180°}$ (3) $\dot{V}_3 = 30\sqrt{2}\underline{/-90°}$

(4) $v_4 = 70\sqrt{2}\sin 50t$ (5) $v_5 = 20\sin\left(50t + \frac{1}{2}\pi\right)$ (6) $v_6 = 8\sin\left(50t - \frac{1}{4}\pi\right)$

3.10 ① Ω ② 角周波数 ③ ωL〔Ω〕 ④ $1/\omega C$

3.11 $\omega = 60\pi$〔rad/s〕

誘導リアクタンス$X_L = \omega L = 60\pi \times 40 \times 10^{-3} = 2.4\pi$〔Ω〕

容量リアクタンス$X_C = 1/(\omega C) = 1/(60\pi \times 500 \times 10^{-6}) = 33.3/\pi$〔Ω〕

3.12 $\omega = 50\pi$〔rad/s〕

誘導リアクタンス$X_L = \omega L = 50\pi \times 200 \times 10^{-6} = 0.01\pi$〔Ω〕

容量リアクタンス$X_C = 1/(\omega C) = 1/(50\pi \times 100 \times 10^{-12}) = 200/\pi$〔MΩ〕

3.13 $C_{a-b} = \frac{20 \times 30}{20 + 30} = 12\mu F$ $C_{b-c} = 50 + 30 = 80\mu F$ $C_{a-c} = \frac{12 \times 80}{12 + 80} \fallingdotseq 10.4\mu F$

3.14 ① R ② ωL ③ $1/(\omega C)$ ④ V_m/R ⑤ $V_m/\omega L$ ⑥ $\omega C V_m$

⑦ 同相 ⑧ $\pi/2$遅れる ⑨ $\pi/2$進む

3.15 ① $100\sqrt{2}$　② 100　③ 0

④ 回路のインピーダンス $Z = \omega L = 20\pi \times 50 \times 10^{-3} = 1\pi$〔Ω〕より

$$i = \frac{100\sqrt{2}}{Z}\sin\left(20\pi t - \frac{\pi}{2}\right) = \frac{100\sqrt{2}}{\pi}\sin\left(20\pi t - \frac{\pi}{2}\right)$$

⑤ $100\sqrt{2}/\pi$　⑥ $100/\pi$　⑦ $-\pi/2$

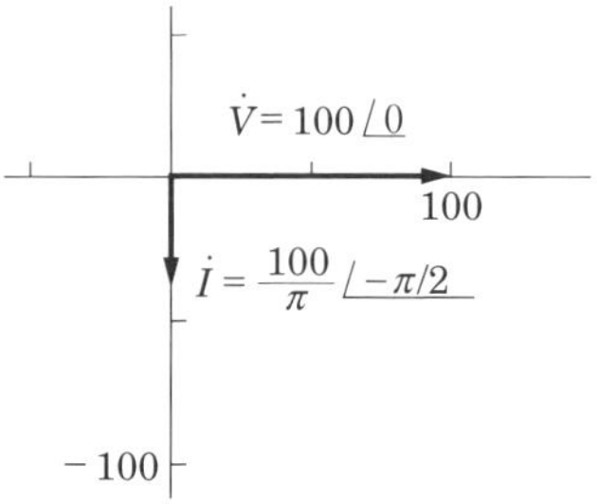

解図8

3.16 電圧の実効値 $V = 200\sqrt{2}/\sqrt{2} = 200\mathrm{V}$，電流の実効値 $I = 500\mathrm{mA}$，したがってコンデンサのインピーダンス $Z_C = V/I = 200/(500 \times 10^{-3}) = 400\Omega$，$Z_C = 1/(\omega C)$ より $C = 1/(\omega Z_C) = 1/(50\pi \times 400) = 0.05/\pi$〔mF〕

3.17 インピーダンス $Z_C = 1/(\omega C) = 1/(10\pi \times 200 \times 10^{-6}) = 0.5/\pi$〔kΩ〕より，

$$i = \frac{50\sqrt{2}}{Z_C}\sin\left(10\pi t + \frac{\pi}{2}\right) = \frac{50\sqrt{2}}{\frac{0.5}{\pi}\times 10^3}\sin\left(10\pi t + \frac{\pi}{2}\right)$$

$$= 100\sqrt{2}\pi\sin\left(10\pi t + \frac{\pi}{2}\right)\text{〔mA〕}$$

章末問題

1. $V_m = 200\sqrt{2}\,\mathrm{V}$，$\omega = 60\pi$〔rad/s〕，$\theta = (2/3)\pi$〔rad〕，$f = 30\mathrm{Hz}$，$T = 1/f = 1/30 \fallingdotseq 33.3\mathrm{ms}$

2. $\dot{V}_1 = 25\sqrt{2}\angle 45^\circ$〔V〕　$\dot{V}_2 = 10\angle 0^\circ$〔V〕　$\dot{V}_3 = 80\angle -135^\circ$〔V〕

3. $\omega = 60\pi$〔rad/s〕

誘導リアクタンス $X_L = \omega L = 60\pi \times 300 \times 10^{-3} = 18\pi \fallingdotseq 56.5\Omega$

容量リアクタンス $X_C = \dfrac{1}{\omega C} = \dfrac{1}{60\pi \times 50 \times 10^{-6}} = \dfrac{1}{3\,000\pi \times 10^{-6}} \fallingdotseq 106\,\Omega$ となる

4. $C = \dfrac{C_1 \times (C_2 + C_3)}{C_1 + (C_2 + C_3)} = \dfrac{200 \times (800 + 600)}{200 + (800 + 600)} = 175\mu\mathrm{F}$

5．$Z_L=\omega L=60\pi\times200\times10^{-3}=12\pi$〔Ω〕，$I_m=10$A，インダクタンスの場合は，電圧の位相は電流に対して$\pi/2$進む（$+\pi/2$）．これらのことより，

$$v=I_m Z_L\sin\left(60\pi t-\frac{\pi}{2}+\frac{\pi}{2}\right)=10\times12\pi\sin60\pi t=120\pi\sin60\pi t \text{〔V〕}$$

第4章

練習問題

4.1 ①直列　② $\sqrt{R^2+\left(\omega L-\dfrac{1}{\omega C}\right)^2}$　③遅れ　④ $\tan^{-1}\dfrac{\omega L-\dfrac{1}{\omega C}}{R}$

⑤ $\dfrac{V_m}{Z}\sin(\omega t-\theta)$　⑥ $I_m R\sin\omega t$　⑦ $I_m\omega L\sin\left(\omega t+\dfrac{\pi}{2}\right)$　⑧ $\dfrac{I_m}{\omega C}\sin\left(\omega t-\dfrac{\pi}{2}\right)$

4.2

$$\omega=2\pi f=2\times50\times\pi=100\pi\text{〔rad/s〕}$$

$$R=5\,000\Omega$$

$$X_L=\omega L=100\pi\times20=2\,000\pi\text{〔Ω〕}$$

$$X_C=\frac{1}{\omega C}=\frac{1}{100\pi\times5\times10^{-6}}=\frac{2\,000}{\pi}\text{〔Ω〕}$$

$$V=100\text{V}$$

(1) $Z=\sqrt{R^2+X_C{}^2}=\sqrt{5\,000^2+\left(\dfrac{2\,000}{\pi}\right)^2}\fallingdotseq5.04\text{k}\Omega$

$$I=\frac{V}{Z}=\frac{100}{5.04\text{k}}\fallingdotseq19.8\text{mA}$$

(2) $Z=\sqrt{R^2+X_L{}^2}=\sqrt{5\,000^2+(2\,000\pi)^2}\fallingdotseq8.03\text{k}\Omega$

$$I=\frac{V}{Z}=\frac{100}{8.03\text{k}}\fallingdotseq12.5\text{mA}$$

4.3 $Z=\sqrt{R^2+(X_L-X_C)^2}=\sqrt{(5\times10^3)^2+(4\times10^3-2\times10^3)^2}=5.39\text{k}\Omega$

$$\theta=\tan^{-1}\frac{X_L-X_C}{R}=\tan^{-1}\frac{4\times10^3-2\times10^3}{5\times10^3}=\tan^{-1}0.4\fallingdotseq21.8^\circ$$

4.4 $\omega = 2\pi f = 100\pi$〔rad / s〕

$$Z = \sqrt{R^2 + \left(\omega L - \frac{1}{\omega C}\right)^2} = \sqrt{10^2 + \left(100\pi \times 5 \times 10^{-3} - \frac{1}{100\pi \times 100 \times 10^{-6}}\right)^2}$$

$$\fallingdotseq 31.9\Omega$$

$$\theta = \tan^{-1}\frac{\omega L - \frac{1}{\omega C}}{R} = \tan^{-1}\frac{100\pi \times 5 \times 10^{-3} - \frac{1}{100\pi \times 100 \times 10^{-6}}}{10}$$

$$\fallingdotseq \tan^{-1} - 3.03 \fallingdotseq -71.7^\circ$$

4.5 $\dot{V}_R = IR\angle 0 = 1 \times 1\angle 0 = 1\angle 0$〔V〕

$\dot{V}_L = IX_L\angle \pi/2 = 1 \times 2\angle \pi/2 = 2\angle \pi/2$〔V〕

$\dot{V}_C = IX_C\angle -\pi/2 = 1 \times 1\angle -\pi/2 = 1\angle -\pi/2$〔V〕

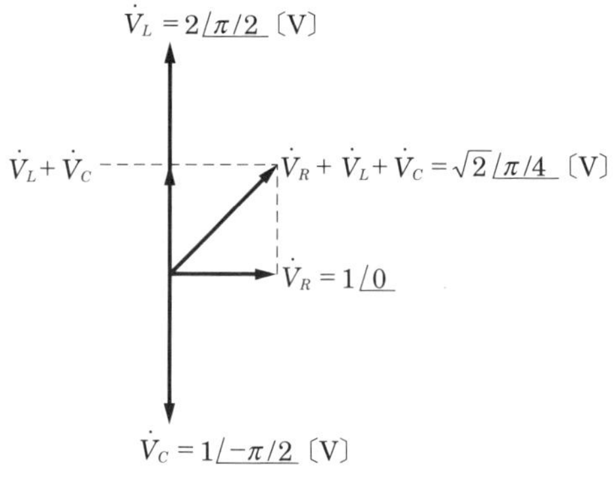

解図9

図より，

$\dot{V} = \sqrt{2}\angle \pi/4$〔V〕

4.6

$$Z = \sqrt{R^2 + X_C{}^2} = \sqrt{R^2 + \left(\frac{1}{\omega C}\right)^2}$$

$$= \sqrt{(2 \times 10^3)^2 + \left(\frac{1}{10\pi \times 10 \times 10^{-6}}\right)^2} \fallingdotseq 3.76\text{k}\Omega$$

$$\theta = \tan^{-1} - \frac{X_C}{R} = \tan^{-1} - \frac{1}{R\omega C} = \tan^{-1} - \frac{1}{2 \times 10^3 \times 10\pi \times 10 \times 10^{-6}}$$

$$\fallingdotseq \tan^{-1} - 1.59 \fallingdotseq -57.9^\circ$$

$$i=\frac{V_m}{Z}\sin(\omega t-\theta)=\frac{100\sqrt{2}}{3.76\times10^3}\sin(10\pi t+57.9)$$

$$\fallingdotseq 37.6\sin(10\pi t+57.9^\circ)\ \text{〔mA〕}$$

$$v_R=I_mR\sin(10\pi t+57.9^\circ)=37.6\times10^{-3}\times2\times10^3\sin(10\pi t+57.9^\circ)$$

$$=75.2\sin(10\pi t+57.9^\circ)\ \text{〔V〕}$$

$$v_C=I_mX_C\sin\left(10\pi t+57.9^\circ-\frac{\pi}{2}\right)$$

$$=37.6\times10^{-3}\times\frac{1}{10\pi\times10\times10^{-6}}\sin(10\pi t+57.9^\circ-90^\circ)$$

$$\fallingdotseq 120\sin(10\pi t-32.1^\circ)\ \text{〔V〕}$$

（v_Rはiと同相，v_Cはiより$\pi/2$遅れる）

4.7 ① 並列　② $\dfrac{1}{\sqrt{\left(\dfrac{1}{R}\right)^2+\left(\dfrac{1}{\omega L}-\omega C\right)^2}}$　③ 遅れ　④ $\tan^{-1}\dfrac{\dfrac{1}{\omega L}-\omega C}{\dfrac{1}{R}}$

⑤ $\dfrac{V_m}{Z}\sin(\omega t-\theta)$　⑥ $\dfrac{V_m}{R}\sin\omega t$　⑦ $\dfrac{V_m}{\omega L}\sin\left(\omega t-\dfrac{\pi}{2}\right)$　⑧ $V_m\omega C\sin\left(\omega t+\dfrac{\pi}{2}\right)$

4.8 $\omega=2\pi f=2\times50\times\pi=100\pi$〔rad/s〕

$R=5\,000\Omega$

$X_L=\omega L=100\pi\times20=2\,000\pi$〔Ω〕

$X_C=\dfrac{1}{\omega C}=\dfrac{1}{100\pi\times5\times10^{-6}}=\dfrac{2\,000}{\pi}$〔Ω〕

$V=100$

(1)　$Z=\dfrac{1}{\sqrt{\left(\dfrac{1}{R}\right)^2+\left(\dfrac{1}{X_C}\right)^2}}=\dfrac{1}{\sqrt{\left(\dfrac{1}{5\,000}\right)^2+\left(\dfrac{\pi}{2\,000}\right)^2}}\fallingdotseq 632\Omega$

$I=\dfrac{V}{Z}=\dfrac{100}{632}\fallingdotseq 158\text{mA}$

(2)　$Z=\dfrac{1}{\sqrt{\left(\dfrac{1}{R}\right)^2+\left(\dfrac{1}{X_L}\right)^2}}=\dfrac{1}{\sqrt{\left(\dfrac{1}{5\,000}\right)^2+\left(\dfrac{1}{2\,000\pi}\right)^2}}\fallingdotseq 3.91\text{k}\Omega$

$I=\dfrac{V}{Z}=\dfrac{100}{3\,910}\fallingdotseq 25.6\text{mA}$

4.9 $$Z=\frac{1}{\sqrt{\left(\frac{1}{R}\right)^2+\left(\frac{1}{X_L}-\frac{1}{X_C}\right)^2}}=\frac{1}{\sqrt{\left(\frac{1}{5\times10^3}\right)^2+\left(\frac{1}{4\times10^3}-\frac{1}{2\times10^3}\right)^2}}\fallingdotseq 3.12\text{k}\Omega$$

$$\theta=\tan^{-1}\frac{\frac{1}{X_L}-\frac{1}{X_C}}{\frac{1}{R}}=\tan^{-1}\frac{\frac{1}{4\times10^3}-\frac{1}{2\times10^3}}{\frac{1}{5\times10^3}}=\tan^{-1}-1.25\fallingdotseq-51.3^\circ$$

4.10 $\omega=2\pi f=100\pi$〔rad / s〕

$$Z=\frac{1}{\sqrt{\left(\frac{1}{R}\right)^2+\left(\frac{1}{X_L}-\frac{1}{X_C}\right)^2}}=\frac{1}{\sqrt{\left(\frac{1}{10}\right)^2+\left(\frac{1}{100\pi\times5\times10^{-3}}-100\pi\times100\times10^{-6}\right)^2}}$$

$$\fallingdotseq 1.65\Omega$$

$$\theta=\tan^{-1}\frac{\frac{1}{X_L}-\frac{1}{X_C}}{\frac{1}{R}}=\tan^{-1}\frac{\frac{1}{100\pi\times5\times10^{-3}}-100\pi\times100\times10^{-6}}{\frac{1}{10}}\fallingdotseq\tan^{-1}6.05\fallingdotseq80.6^\circ$$

4.11 $$\dot{I}_R=\frac{V}{R}\angle 0=\frac{100}{5}\angle 0=20\angle 0\text{〔A〕}$$

$$\dot{I}_L=\frac{V}{X_L}\angle -\pi/2=\frac{100}{5}=20\angle -\pi/2\text{〔A〕}$$

$$\dot{I}_C=\frac{V}{X_C}\angle \pi/2=\frac{100}{2.5}=40\angle \pi/2\text{〔A〕}$$

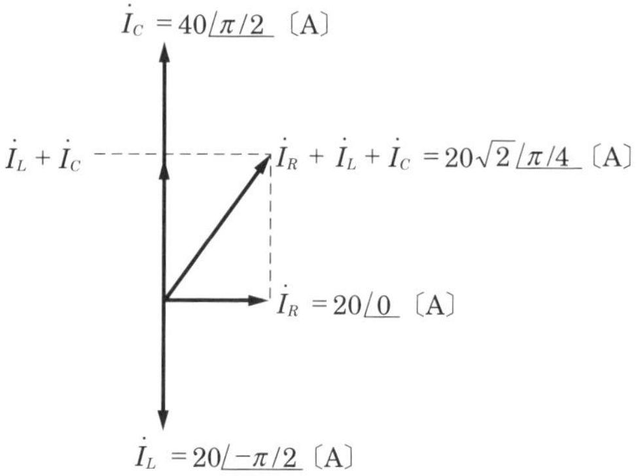

解図10

図より，

$$\dot{I}=20\sqrt{2}\angle \pi/4\text{〔A〕}$$

4.12 $Z=\dfrac{1}{\sqrt{\left(\dfrac{1}{R}\right)^2+\left(\dfrac{1}{X_L}\right)^2}}=\dfrac{1}{\sqrt{\left(\dfrac{1}{40}\right)^2+\left(\dfrac{1}{10\pi\times 1}\right)^2}}\fallingdotseq 24.7$

$$\theta=\tan^{-1}\frac{\frac{1}{X_L}}{\frac{1}{R}}=\tan^{-1}\frac{\frac{1}{10\pi\times 1}}{\frac{1}{40}}\fallingdotseq\tan^{-1}1.27\fallingdotseq 51.8^\circ$$

$$i=\frac{V_m}{Z}\sin(\omega t-\theta)=\frac{100\sqrt{2}}{24.7}\sin(10\pi t-51.8^\circ)\fallingdotseq 5.73\sin(10\pi t-51.8^\circ)\text{〔A〕}$$

$$i_R=\frac{V_m}{R}\sin\omega t=\frac{100\sqrt{2}}{40}\sin(10\pi t)\fallingdotseq 3.54\sin(10\pi t)\text{〔A〕}$$

$$i_L=\frac{V_m}{X_L}\sin\left(\omega t-\frac{\pi}{2}\right)=\frac{100\sqrt{2}}{10\pi\times 1}\sin\left(10\pi t-\frac{\pi}{2}\right)\fallingdotseq 4.50\sin(10\pi t-90^\circ)\text{〔A〕}$$

（i_Rはvと同相，i_Lはvより$\pi/2$遅れる）

4.13 ① 最大　② 直列共振　③ $\dfrac{1}{2\pi\sqrt{LC}}$　④ 最小　⑤ 並列共振　⑥ $\dfrac{1}{2\pi\sqrt{LC}}$

4.14 $f_r=\dfrac{1}{2\pi\sqrt{LC}}=\dfrac{1}{2\pi\sqrt{10\times 10^{-3}\times 20\times 10^{-6}}}=\dfrac{500\sqrt{5}}{\pi}\text{ Hz}$

$$\omega=2\pi f_r=2\pi\frac{500\sqrt{5}}{\pi}=1000\sqrt{5}\text{ rad/s}$$

$$X_L=\omega L=1000\sqrt{5}\times 10\times 10^{-3}=10\sqrt{5}\ \Omega$$

$$V_R=V=100\text{V}$$

$$V_L=IX_L=\frac{V}{R}X_L=\frac{100}{40}\times 10\sqrt{5}\fallingdotseq 55.9\text{ V}$$

共振なので $V_C=V_L=55.9\text{ V}$

$$Q=\frac{\omega L}{R}=\frac{10\sqrt{5}}{40}\fallingdotseq 0.559$$

4.15 $f_r=\dfrac{1}{2\pi\sqrt{LC}}=\dfrac{1}{2\pi\sqrt{40\times 10^{-3}\times 2\times 10^{-6}}}=\dfrac{1250\sqrt{2}}{\pi}\text{ Hz}$

$$\omega=2\pi f_r=2\pi\frac{1250\sqrt{2}}{\pi}=2500\sqrt{2}\text{ rad/s}$$

$$X_L=\omega L=2500\sqrt{2}\times 40\times 10^{-3}=100\sqrt{2}\ \Omega$$

$$I=I_R=\frac{V}{R}=\frac{100}{10}=10\text{A}$$

$$I_L=\frac{V}{X_L}=\frac{100}{100\sqrt{2}}=0.71\text{ A}$$

共振なので $I_C = I_L = 0.71\text{A}$

$$Q = \frac{\omega L}{R} = \frac{100\sqrt{2}}{10} \fallingdotseq 14.1$$

4.16 $f_r = \dfrac{1}{2\pi\sqrt{LC}}$ より，

$$C = \left(\frac{1}{2\pi f_r}\right)^2 / L = \left(\frac{1}{2\pi \times 50 \times 10^3}\right)^2 / (250 \times 10^{-3}) \fallingdotseq 40.5\,\text{pF}$$

4.17 ① $VI\cos\theta$ ② W ③ $VI\sin\theta$ ④ var ⑤ VI ⑥ V·A ⑦ $\cos\theta$

4.18 $Z = V/I = 120/5 = 24\,\Omega$，$R = 8\Omega$， $Z = \sqrt{R^2 + {X_C}^2}$ より，

$Z^2 = R^2 + {X_C}^2$

$X_C = \sqrt{Z^2 - R^2} = \sqrt{24^2 - 8^2} \fallingdotseq 22.6\Omega$

$\cos\theta = \dfrac{R}{Z} = \dfrac{8}{24} = \dfrac{1}{3}$

有効電力 $= P = VI\cos\theta = 120 \times 5 \times \dfrac{1}{3} = 200\text{W}$

4.19 (1) $Z = \sqrt{R^2 + (X_L - X_C)^2} = \sqrt{4^2 + (7-5)^2} \times 10^3 = 2\sqrt{5}\,\text{k}\Omega \fallingdotseq 4.47\,\text{k}\Omega$

(2) 直列回路の $\cos\theta = R/Z$，よって $\theta = \cos^{-1}(R/Z) = \cos^{-1}(4/2\sqrt{5}) \fallingdotseq 26.6^\circ$

(3) $\cos\theta = \dfrac{R}{Z} = \dfrac{4}{2\sqrt{5}} = 0.4 \times \sqrt{5} \fallingdotseq 0.894 = 89.4\,\%$

(4) $I = \dfrac{V}{Z} = \dfrac{100}{2\sqrt{5} \times 10^3} = 10\sqrt{5} \times 10^{-3} \fallingdotseq 22.4\text{mA}$

(5) $P_S = VI = 100 \times 10\sqrt{5} \times 10^{-3} \fallingdotseq 2.24\text{V·A}$

(6) $P = VI\cos\theta = 100 \times 10\sqrt{5} \times 10^{-3} \times 4/2\sqrt{5} = 2.00\text{W}$

4.20 ① 100 ② ms ③ 10（$1/(100 \times 10^{-3})$ より） ④ Hz

⑤ 62.8（$\omega = 2\pi f$ より） ⑥ rad / s ⑦ 40 ⑧ Ω

⑨ 1.88（$X_L = \omega L$ より） ⑩ Ω ⑪ 79.6（$X_C = 1/\omega C$ より）

⑫ Ω ⑬ 87.4（ $Z = \sqrt{R^2 + (X_L - X_C)^2}$ より） ⑭ Ω

⑮ 100 ⑯ V ⑰ 70.7（$V = V_m/\sqrt{2}$ より） ⑱ V

⑲ 0.81（$I = V/Z$ より） ⑳ A ㉑ 46（直列回路の $\cos\theta = R/Z$ より）

㉒ % ㉓ 57.3（$P_S = VI$ より） ㉔ V·A

㉕ 26.3（$P = VI\cos\theta$ より） ㉖ W

章末問題

1. $Z=\sqrt{R^2+\left(\frac{1}{\omega C}\right)^2}=\sqrt{(10\times10^3)^2+\left(\frac{1}{50\pi\times2\times10^{-6}}\right)^2}\fallingdotseq 10.5\text{k}\Omega$

$\theta=\tan^{-1}\frac{-X_C}{R}=\tan^{-1}\left(-\frac{1}{10\times10^3\times50\pi\times2\times10^{-6}}\right)\fallingdotseq -17.7^\circ$

$i=\frac{V_m}{Z}\sin(\omega t-\theta)=\frac{200\sqrt{2}}{10.5\times10^3}\sin(50\pi t+17.7^\circ)$

$\fallingdotseq 26.9\sin(50\pi t+17.7^\circ)$〔mA〕

$v_R=I_mR\sin(50\pi t+17.7^\circ)=26.9\times10^{-3}\times10\times10^3\sin(50\pi t+17.7^\circ)$

$=269\sin(50\pi t+17.7^\circ)$〔V〕

$v_C=I_mX_C\sin\left(50\pi t+17.7^\circ-\frac{\pi}{2}\right)$

$=26.9\times10^{-3}\times\frac{1}{50\pi\times2\times10^{-6}}\sin(50\pi t+17.7^\circ-90^\circ)$

$=85.6\sin(50\pi t-72.3^\circ)$〔V〕

2. $Z=\sqrt{R^2+\left(\omega L-\frac{1}{\omega C}\right)^2}=\sqrt{10^2+\left(60\pi\times30\times10^{-3}-\frac{1}{60\pi\times20\times10^{-6}}\right)^2}\fallingdotseq 260\Omega$

$\theta=\tan^{-1}\frac{X_L-X_C}{R}=\tan^{-1}\frac{60\pi\times30\times10^{-3}-\frac{1}{60\pi\times20\times10^{-6}}}{10}=-87.8^\circ$

$i=\frac{V_m}{Z}\sin(\omega t-\theta)=\frac{100\sqrt{2}}{260}\sin(60\pi t+87.8^\circ)\fallingdotseq 544\sin(60\pi t+87.8^\circ)$〔mA〕

$v_R=I_mR\sin(60\pi t+87.8^\circ)=544\times10^{-3}\times10\sin(60\pi t+87.8)$

$\fallingdotseq 5.44\sin(60\pi t+87.8)$〔V〕

$v_L=I_mX_L\sin\left(60\pi t+87.8^\circ+\frac{\pi}{2}\right)$

$=544\times10^{-3}\times60\pi\times30\times10^{-3}\sin(60\pi t+87.8^\circ+90^\circ)\fallingdotseq 3.08\sin(60\pi t+178^\circ)$〔V〕

$v_C=I_mX_C\sin\left(60\pi t+87.8^\circ-\frac{\pi}{2}\right)$

$=544\times10^{-3}\times\frac{1}{60\pi\times20\times10^{-6}}\sin(60\pi t+87.8^\circ-90^\circ)\fallingdotseq 144\sin(60\pi t-2.2^\circ)$〔V〕

3. $$Z=\frac{1}{\sqrt{\left(\frac{1}{R}\right)^2+\left(\frac{1}{\omega L}-\omega C\right)^2}}$$

$$=\frac{1}{\sqrt{\left(\frac{1}{10}\right)^2+\left(\frac{1}{60\pi\times30\times10^{-3}}-60\pi\times20\times10^{-6}\right)^2}}\fallingdotseq 5.0\ \Omega$$

$$\theta=\tan^{-1}\frac{\frac{1}{\omega L}-\omega C}{\frac{1}{R}}=\tan^{-1}\frac{\frac{1}{60\pi\times30\times10^{-3}}-60\pi\times20\times10^{-6}}{\frac{1}{10}}\fallingdotseq 60^\circ$$

$$i=\frac{V_m}{Z}\sin(\omega t-\theta)=\frac{100\sqrt{2}}{5.0}\sin(60\pi t-60^\circ)\fallingdotseq 28.3\sin(60\pi t-60^\circ)\text{〔A〕}$$

$$i_R=\frac{V_m}{R}\sin\omega t=\frac{100\sqrt{2}}{10}\sin 60\pi t\fallingdotseq 14.1\sin(60\pi t)\text{〔A〕}$$

$$i_L=\frac{V_m}{X_L}\sin\left(\omega t-\frac{\pi}{2}\right)=\frac{100\sqrt{2}}{60\pi\times30\times10^{-3}}\sin(60\pi t-90^\circ)$$

$$\fallingdotseq 25.0\sin(60\pi t-90^\circ)\text{〔A〕}$$

$$i_C=\frac{V_m}{X_C}\sin\left(\omega t+\frac{\pi}{2}\right)=\frac{100\sqrt{2}}{\frac{1}{60\pi\times20\times10^{-6}}}\sin(60\pi t+90^\circ)$$

$$\fallingdotseq 0.53\sin(60\pi t+90^\circ)\text{〔A〕}$$

4. $$f_r=\frac{1}{2\pi\sqrt{LC}}=\frac{1}{2\pi\sqrt{20\times10^{-3}\times1\times10^{-6}}}=\frac{2500\sqrt{2}}{\pi}\text{〔Hz〕}$$

$$\omega=2\pi f=2\pi f_r=2\pi\times\frac{2\,500\sqrt{2}}{\pi}=5\,000\sqrt{2}\ \text{rad/s}$$

$$X_L=\omega L=5\,000\sqrt{2}\times20\times10^{-3}=100\sqrt{2}\,\Omega$$

$$V_R=V=100\text{V}$$

$$V_L=IX_L=\frac{V}{R}X_L=\frac{100}{100}100\sqrt{2}=100\sqrt{2}\fallingdotseq 141\text{V}$$

共振なので $V_C=V_L=141\text{V}$

$$Q=\frac{\omega L}{R}=\frac{100\sqrt{2}}{100}=\sqrt{2}\fallingdotseq 1.41$$

5. 力率 $\cos\theta=\cos\frac{\pi}{6}\fallingdotseq 0.87\%$

電圧（実効値）$=\frac{V_m}{\sqrt{2}}=\frac{200\sqrt{2}}{\sqrt{2}}=200\text{V}$

電流（実効値）$= \dfrac{I_m}{\sqrt{2}} = \dfrac{20\sqrt{2}}{\sqrt{2}} = 20\text{A}$

有効電力 $P = VI\cos\theta = 200 \times 20 \times \cos\dfrac{\pi}{6} \fallingdotseq 3.46\text{kW}$

皮相電力 $P_S = VI = 200 \times 20 = 4.00\text{kV·A}$

無効電力 $P_q = VI\sin\theta = 200 \times 20 \times \sin\dfrac{\pi}{6} = 2.00\text{kvar}$

第5章

練習問題

5.1 (1) $j3$　(2) $j2$　(3) -1　(4) 6　(5) 3 / 5

5.2

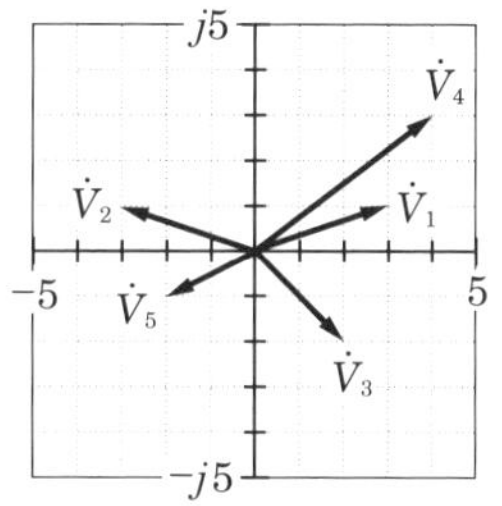

解図11

5.3 極座標表示

$\dot{A} = 8\sqrt{2}\angle\pi/4$　$\dot{B} = 8\angle 5\pi/6$　$\dot{C} = 10\sqrt{2}\angle -3\pi/4$　$\dot{D} = 5\sqrt{5}\angle -\pi/6$

複素数表示

$\dot{A} = 8 + j8$　$\dot{B} = -4\sqrt{3} + j4$　$\dot{C} = -10 - j10$　$\dot{D} = 10 - j5$

5.4 (1) $|4 + j2| = \sqrt{4^2 + 2^2} = 2\sqrt{5}$　(2) $|-1 + j| = \sqrt{1^2 + 1^2} = \sqrt{2}$

(3) $(4 + j2) + (-1 + j) = 3 + j3$　(4) $|3 + j3| = \sqrt{3^2 + 3^2} = 3\sqrt{2}$

(5) $2(4 + j2) - (-1 + j) = 9 + j3$　(6) $(4 + j2) \times (-1 + j) = -6 + j2$

(7) $(4 + j2) \div (-1 + j) = \dfrac{(4 + j2)(-1 - j)}{(-1 + j)(-1 - j)} = \dfrac{-2 - j6}{2} = -1 - j3$

5.5 $V = V_m / \sqrt{2} = 50\sqrt{2} / \sqrt{2} = 50\text{V}$ より，$\dot{V} = 50\angle 0^\circ$

$I = I_m / \sqrt{2} = 10\sqrt{2} / \sqrt{2} = 10\text{A}$，$\theta = (2/3)\pi$ より，$\dot{I} = 10\angle 120^\circ$

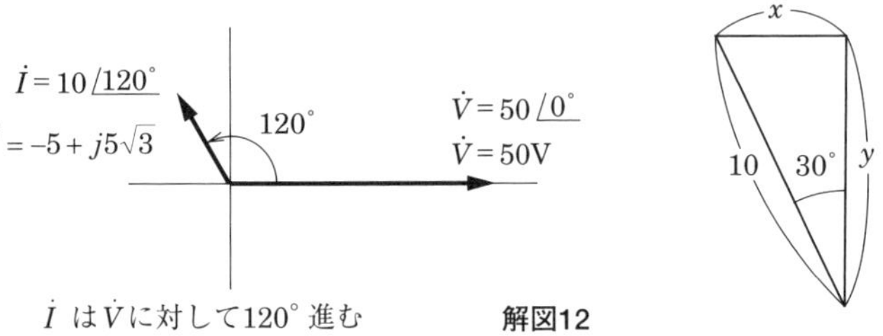

$\dot{I}$ は$\dot{V}$に対して120°進む

解図12

$$\sin 30^\circ = \frac{x}{10} \qquad x = 10\sin 30^\circ = 5 \qquad y = \sqrt{10^2 - 5^2} = 5\sqrt{3}$$

よって，$\dot{I} = -5 + j5\sqrt{3}$

5.6 $V_m = \sqrt{2} \times V = 100\sqrt{2}$，電圧の瞬時値$v = V_m \sin \omega t = 100\sqrt{2}\sin \omega t$〔V〕

$$I = \sqrt{\left(10\sqrt{3}\right)^2 + 10^2} = \sqrt{400} = 20\ \text{A}$$

$I_m = \sqrt{2} \times I = 20\sqrt{2}$ A，位相角は図より $\theta = -30^\circ = -\pi/6$

電流の瞬時値 $i = I_m \sin(\omega t + \theta) = 2\sqrt{20}\sin(\omega t - \pi/6)$〔A〕

i は v に対して $\dfrac{\pi}{6}$ 遅れる

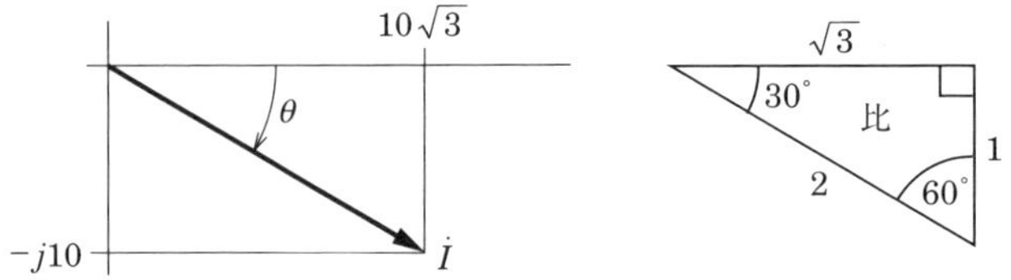

解図13

5.7 $\dot{Z}_a = \dot{Z}_1 + \dot{Z}_2 + \dot{Z}_3$

$$\dot{Z}_b = \frac{1}{\dfrac{1}{\dot{Z}_1} + \dfrac{1}{\dot{Z}_2} + \dfrac{1}{\dot{Z}_3}}$$

5.8 (1) $\omega = 2\pi f = 2 \times \pi \times 50 = 100\pi$〔rad / s〕

$X_L = \omega L = 100\pi \times 0.1 = 10\pi$〔Ω〕

$X_C = 1/\omega C = 1/(100\pi \times 2 \times 10^{-3}) = 5/\pi$〔Ω〕

RLC直列回路のインピーダンス$\dot{Z} = R + jX_L - jX_C$〔Ω〕なので，

$$\dot{Z} = R + jX_L - jX_C = 4 + j10\pi - \frac{j5}{\pi} = 4 + j\left(10\pi - \frac{5}{\pi}\right)\Omega$$

(2) $$\dot{I} = \frac{\dot{V}}{\dot{Z}} = \frac{100}{4 + j\left(10\pi - \frac{5}{\pi}\right)} = \frac{100\left\{4 - j\left(10\pi - \frac{5}{\pi}\right)\right\}}{\left\{4 + j\left(10\pi - \frac{5}{\pi}\right)\right\}\left\{4 - j\left(10\pi - \frac{5}{\pi}\right)\right\}}$$

$10\pi - 5/\pi \fallingdotseq 29.8$を代入し，

$$\dot{I} = \frac{100(4 - j29.8)}{(4 + j29.8)(4 - j29.8)} = \frac{100(4 - j29.8)}{4^2 + 29.8^2} = \frac{400 - j2\,980}{904.04} \fallingdotseq 0.44 - j3.30 \text{〔A〕}$$

$$I = \sqrt{0.44^2 + 3.30^2} \fallingdotseq 3.33\text{ A}$$

5.9 $\dot{Z}_R = 2\Omega$，$\omega = 2\pi f = 2 \times \pi \times 60 = 120\pi$〔rad / s〕，$\dot{Z}_L = jX_L = j\omega L = j(120\pi \times 0.2) = j24\pi$〔Ω〕，$\dot{Z}_C = -jX_C = -j\{1/\omega C\} = -j\{1/(120\pi \times 100 \times 10^{-6})\} = -j(1/0.012\pi)\Omega$
これらの値より，

$$\dot{I}_R = \frac{\dot{V}}{\dot{Z}_R} = \frac{100}{2} = 50\text{A}$$

$$\dot{I}_L = \frac{\dot{V}}{\dot{Z}_L} = \frac{100}{j24\pi} \fallingdotseq -j1.33 \text{〔A〕}$$

$$\dot{I}_C = \frac{\dot{V}}{\dot{Z}_C} = \frac{100}{-j\dfrac{1}{0.012\pi}} \fallingdotseq j3.77 \text{〔A〕}$$

$$\dot{I} = \dot{I}_R + \dot{I}_L + \dot{I}_C = 50 - j1.33 + j3.77 = 50 + j2.44 \text{〔A〕}$$

$$I = \sqrt{50^2 + 2.44^2} \fallingdotseq 50.1\text{A}$$

5.10 $$\dot{I} = \frac{\dot{V}}{\dot{Z}} = \frac{200}{10 + j5} = \frac{200(10 - j5)}{(10 + j5)(10 - j5)} = \frac{2\,000 - j1\,000}{100 + 25} = 16 - j8 \text{〔A〕}$$

$$I = |\dot{I}| = \sqrt{16^2 + (-8)^2} = 8\sqrt{5} \text{〔A〕}$$

5.11 $\dot{Z} = \dot{Z}_1 + \dot{Z}_2 = 6 + 4 + j2 = 10 + j2$〔Ω〕

$$\dot{I} = 100\underline{/2\pi/3} = 100\cos\left(\frac{2\pi}{3}\right) + j100\sin\left(\frac{2\pi}{3}\right) = 100\cos 120^\circ + j100\sin 120^\circ \text{〔A〕}$$

$$\dot{V} = \dot{I}\dot{Z} = 1\,000\cos 120^\circ + j1\,000\sin 120^\circ + j200\cos 120^\circ - 200\sin 120^\circ$$

$$\fallingdotseq -673 + j766 \text{〔V〕}$$

$$V = |\dot{V}| = \sqrt{673^2 + 766^2} \fallingdotseq 1.02\text{kV}$$

5.12 ① 平衡状態　② 等しい　③ $\dot{Z}_1\dot{Z}_3 = \dot{Z}_2\dot{Z}_4$　④ 平衡条件

5.13 (1) $I_{cb} = 0$A（ブリッジは平衡しているためⓑ点とⓒ点の電位は等しい）

(2) $\omega = 2\pi f = 2 \times \pi \times 50 \times 10^3 = \pi \times 10^5$ rad / s

ブリッジの平衡条件式 $R_1R_2 = jX_L(-jX_C)$ より，

$$X_L = \omega L = \frac{R_1R_2}{X_C} = \frac{R_1R_2}{\dfrac{1}{\omega C}}$$

$$\therefore\ L = R_1R_2C = 2.5 \times 10^3 \times 1 \times 10^3 \times 800 \times 10^{-12} = 2\text{mH}$$

5.14 $R_1(R_3+j\omega L_3)=R_4(R_2+j\omega L_2)$ より，

$R_1R_3+j\omega L_3R_1=R_2R_4+j\omega L_2R_4$

∴ $R_1R_3=R_2R_4$（実数部），$\omega L_3R_1=\omega L_2R_4$（虚数部）

$$R_2=\frac{R_1R_3}{R_4}=\frac{10\times120}{20}=60\Omega$$

$$L_2=\frac{L_3R_1}{R_4}=\frac{8\times10^{-3}\times10}{20}=4\times10^{-3}=4\text{mH}$$

5.15 ブリッジが平衡状態なので，ⓑ-ⓒ間には電流が流れない．すなわち，抵抗R_3を除いた解図のように考えることができる．

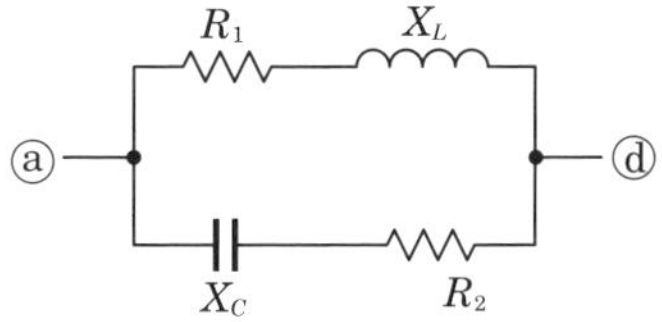

解図14

以下ⓐ-ⓓ間の合成抵抗$\dot{Z}$を求める．

$$\dot{Z}=\frac{(R_1+jX_L)(R_2-jX_C)}{(R_1+jX_L)+(R_2-jX_C)}=\frac{(4+j2)(6-j5)}{(4+j2)+(6-j5)}=\frac{24+10-j20+j12}{10-j3}$$

$$=\frac{(34-j8)(10+j3)}{(10-j3)(10+j3)}=\frac{340+24+j102-j80}{10^2+3^2}=\frac{364+j22}{109}\ \Omega$$

5.16 (1) $\dot{I}_C+\dot{I}_R+\dot{I}_L=0$ (2) $\dot{V}_1-\dot{V}_2=-jX_C\dot{I}_C-R\dot{I}_R$

(3) $\dot{V}_2-\dot{V}_3=R\dot{I}_R-jX_L\dot{I}_L$

5.17 $\dot{I}_1=\dot{I}_2+\dot{I}_3$（第1法則）

$\dot{V}=-jX_C\dot{I}_2$（第2法則）

$0=jX_C\dot{I}_2+(R+jX_L)\dot{I}_3$（第2法則）

以上の式に各値を代入する．$j100=-j80\dot{I}_2$より，

$\dot{I}_2=-1.25\text{A}$

$0=j80\dot{I}_2+(40+j40)\dot{I}_3$より，

$\dot{I}_3=1.25+j1.25$〔A〕

$\dot{I}_1=\dot{I}_2+\dot{I}_3=-1.25+1.25+j1.25=j1.25$〔A〕

5.18 キルヒホッフの法則より，以下の式をたてる．

$\dot{I}_R+\dot{I}=\dot{I}_L$ （式1）

$$\dot{V}_1 - \dot{V}_2 = R\dot{I}_R \quad (式2)$$

$$\dot{V}_2 = jX_L\dot{I}_L \quad (式3)$$

式(2)より，$200 - 100 = 5\,\dot{I}_R$

$$\therefore \quad \dot{I}_R = 20\text{A}$$

式(3)より $100 = j20\,\dot{I}_L$

$$\therefore \quad \dot{I}_L = \frac{100}{j20} = -j5\,〔\text{A}〕$$

式(1)より，$\dot{I} = \dot{I}_L - \dot{I}_R = -20 - j5\,〔\text{A}〕$

5.19

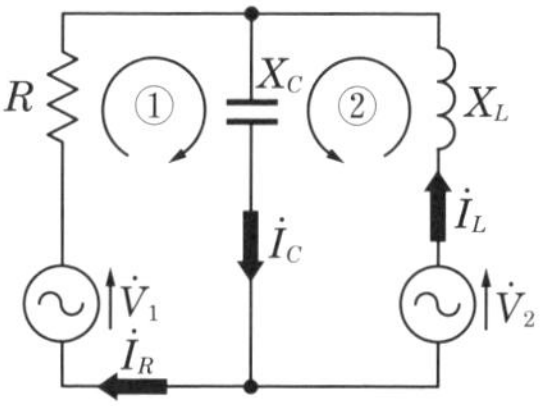

解図15

解図より，

$$\dot{I}_C = \dot{I}_R + \dot{I}_L \qquad \dot{V}_1 = R\dot{I}_R + \left(-jX_C\dot{I}_C\right) = R\dot{I}_R - jX_C\dot{I}_C \qquad \dot{V}_2 = jX_L\dot{I}_L - jX_C\dot{I}_C$$

各値を代入し，

$$100 = 20\dot{I}_R - j80\dot{I}_C \qquad \therefore \quad 5 = \dot{I}_R - j4\dot{I}_C$$

$$j100 = j40\dot{I}_L - j80\dot{I}_C \qquad \therefore \quad j5 = j2\dot{I}_L - j4\dot{I}_C$$

$\dot{I}_C = \dot{I}_R + \dot{I}_L$ を代入

$$5 = \dot{I}_R - j4\left(\dot{I}_R + \dot{I}_L\right) \qquad \therefore \quad \dot{I}_R = \frac{5 + j4\dot{I}_L}{1 - j4}$$

$$j5 = j2\dot{I}_L - j4\left(\dot{I}_R + \dot{I}_L\right) \qquad \therefore \quad \dot{I}_R = \frac{-j2\dot{I}_L - j5}{j4}$$

よって，

$$\frac{5 + j4\dot{I}_L}{1 - j4} = \frac{-j2\,\dot{I}_L - j5}{j4}$$

$$\dot{I}_L = \frac{-20 - j25}{-8 + j2} = \frac{110 + j240}{68} \fallingdotseq 1.62 + j\,3.53 \;〔\text{A}〕$$

5.20 例題5.11と同じである．

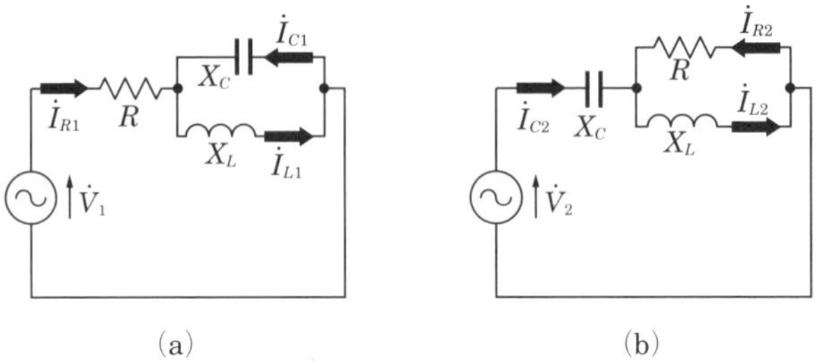

解図16

回路(a)：

合成インピーダンス　$\dot{Z}_1 = R + \dfrac{-jX_C \times jX_L}{-jX_C + jX_L} = 10 + \dfrac{-j20 \times j30}{-j20 + j30} = 10 - j60$〔Ω〕

$$\dot{I}_{R1} = \frac{\dot{V}_1}{\dot{Z}_1} = \frac{200}{10 - j60} = \frac{20 + j120}{37}\ \text{〔A〕}$$

$$\dot{I}_{C1} = -\frac{jX_L}{jX_L - jX_C}\dot{I}_{R1} = -\frac{X_L}{X_L - X_C}\dot{I}_{R1} = -3\dot{I}_{R1} = \frac{-60 - j360}{37}\ \text{〔A〕}$$

$$\dot{I}_{L1} = \frac{-jX_C}{jX_L - jX_C}\dot{I}_{R1} = \frac{-X_C}{X_L - X_C}\dot{I}_{R1} = -2\dot{I}_{R1} = \frac{-40 - j240}{37}\ \text{〔A〕}$$

回路(b)：

合成インピーダンス $\dot{Z}_2 = -jX_C + \dfrac{R \times jX_L}{R + jX_L} = -j20 + \dfrac{10 \times j30}{10 + j30} = 9 - j17$〔Ω〕

$$I_{C2} = \frac{\dot{V}_2}{\dot{Z}_2} = \frac{j100}{9 - j17} = \frac{-170 + j90}{37}\ \text{〔A〕}$$

$$I_{R2} = -\frac{jX_L}{jX_L + R}I_{C2} = -\frac{j30}{j30 + 10} \times \frac{-170 + j90}{37} = \frac{180 - j30}{37}\ \text{〔A〕}$$

$$I_{L2} = \frac{R}{jX_L + R}\dot{I}_{C2} = \frac{10}{j30 + 10} \times \frac{-170 + j90}{37} = \frac{10 + j60}{37}\ \text{〔A〕}$$

重ね合せの定理を用いて

$$\dot{I}_R = \dot{I}_{R1} + \dot{I}_{R2} = \frac{20 + j120}{37} + \frac{180 - j30}{37} = \frac{200 + j90}{37} \fallingdotseq 5.41 + j2.43\ \text{〔A〕}$$

$$\dot{I}_C = \dot{I}_{C1} + \dot{I}_{C2} = \frac{-60 - j360}{37} + \frac{-170 + j90}{37} = \frac{-230 - j270}{37} \fallingdotseq -6.22 - j7.30\ \text{〔A〕}$$

$$\dot{I}_L = \dot{I}_{L1} + \dot{I}_{L2} = \frac{-40 - j240}{37} + \frac{10 + j60}{37} = \frac{-30 - j180}{37} \fallingdotseq -0.81 - j4.86\ \text{〔A〕}$$

5.21 練習問題5.18と同じである.

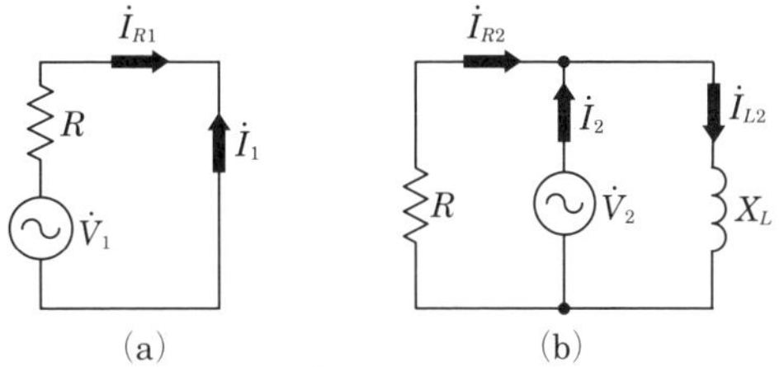

解図17

回路(a):

$$\dot{I}_{R1} = \frac{\dot{V}_1}{R} = \frac{200}{5} = 40\text{A} \qquad \dot{I}_1 = -\dot{I}_{R1} = -40\text{A}$$

回路(b):

$$\text{合成インピーダンス } \dot{Z}_2 = \frac{R \times jX_L}{R + jX_L} = \frac{5 \times j20}{5 + j20} = \frac{80 + j20}{17} \text{〔Ω〕}$$

$$\dot{I}_2 = \frac{\dot{V}_2}{\dot{Z}_2} = \frac{100 \times 17}{80 + j20} = \frac{85}{4 + j} = 20 - j5 \text{〔A〕}$$

$$\dot{I}_{R2} = -\frac{jX_L}{R + jX_L}\dot{I}_2 = \frac{-j20}{5 + j20} \times (20 - j5) = -20 \text{〔A〕}$$

$$\dot{I}_{L2} = \frac{R}{R + jX_L}\dot{I}_2 = \frac{5}{5 + j20} \times (20 - j5) = -j5 \text{〔A〕}$$

$$\dot{I}_2 = \dot{I}_{L2} - \dot{I}_{R2} = -j5 + 20 \text{〔A〕}$$

以上のことより,

$$\dot{I}_R = \dot{I}_{R1} + \dot{I}_{R2} = 40 - 20 = 20 \text{〔A〕}$$

$$\dot{I}_L = \dot{I}_{L2} = -j5 \text{〔A〕}$$

$$\dot{I} = \dot{I}_1 + \dot{I}_2 = -40 + 20 - j5 = -20 - j5 \text{〔A〕}$$

5.22 練習問題5・19と同じである.

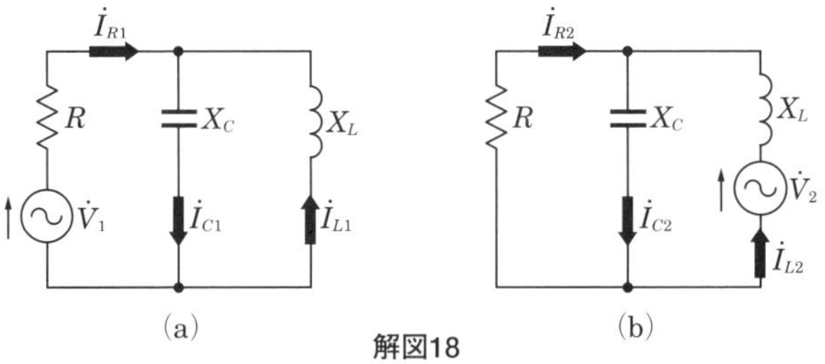

解図18

回路(a)：

$$\dot{Z}_1 = R + \frac{-jX_C \times jX_L}{-jX_C + jX_L} = 20 + \frac{-j80 \times j40}{-j80 + j40} = 20 + j80$$

$$\dot{I}_{R1} = \frac{\dot{V}_1}{\dot{Z}_1} = \frac{100}{20 + j80} = \frac{5}{1 + j4}$$

$$\dot{I}_{L1} = -\frac{-jX_C}{-jX_C + jX_L}\dot{I}_{R1} = -\frac{-j80}{-j80 + j40}\dot{I}_{R1} = -2\dot{I}_{R1}$$

$$= -2\frac{5}{1 + j4} = \frac{-10}{1 + j4} = \frac{-10(1 - j4)}{(1 + j4)(1 - j4)} = \frac{-10 + j40}{17}$$

回路(b)：

$$\dot{Z}_2 = jX_L + \frac{R \times (-jX_C)}{R - jX_C} = j40 + \frac{20 \times (-j80)}{20 - j80}$$

$$= j40 + \frac{-j80}{1 - j4} = j40 + \frac{-j80(1 + j4)}{(1 - j4)(1 + j4)} = \frac{320 + j600}{17}$$

$$\dot{I}_{L2} = \frac{\dot{V}_2}{\dot{Z}_2} = \frac{j100 \times 17}{320 + j600} = \frac{j85}{16 + j30} = \frac{j85(16 - j30)}{(16 + j30)(16 - j30)} = \frac{2\,550 + j1\,360}{1\,156}$$

以上より

$$\dot{I}_L = \dot{I}_{L1} + \dot{I}_{L2} = \frac{-10 + j40}{17} + \frac{2\,550 + j1\,360}{1\,156} = \frac{(-10 + j40) \times 1\,156 + (2\,550 + j1\,360) \times 17}{17 \times 1\,156}$$

$$\fallingdotseq 1.62 + j3.53 \text{〔A〕}$$

章末問題

1．極座標表示　$\dot{V} = 100\angle 0^\circ$〔V〕　$\dot{I} = 20\angle -240^\circ$〔A〕

複素数表示　$\dot{V} = 100$〔V〕　$\dot{I} = -10 + j10\sqrt{3}$〔A〕

2．電圧の瞬時値 $v = V_m \sin \omega t = 200\sqrt{2} \sin 50\pi t$〔V〕

$$I = \sqrt{\left(10\sqrt{2}\right)^2 + 10^2} = 10\sqrt{3}\,\text{A}$$

$$I_m = \sqrt{2}I = 10\sqrt{6}\text{A},\ \theta = \tan^{-1}\left(-10 / \left(10\sqrt{2}\right)\right) \fallingdotseq -35.3$$

電流の瞬時値 $i = I_m \sin(\omega t + \theta) = 10\sqrt{6} \sin(50\pi t - 35.3^\circ)$〔A〕

3．(1)　$\omega = 2\pi f = 2 \times \pi \times 60 = 120\pi$〔rad / s〕，$X_L = \omega L = 120\pi \times 0.4 = 48\pi$〔Ω〕，$X_C = 1 / (\omega C) = 1 / (120\pi \times 0.5 \times 10^{-3}) = 50 / (3\pi)$〔Ω〕

RLC 直列回路のインピーダンス $\dot{Z} = R + jX_L - jX_C = 50 + j48\pi - j50 / (3\pi) \fallingdotseq 50 + j145$〔Ω〕

(2) $\dot{I}=\dot{V}/\dot{Z}=200/(50+j145)\fallingdotseq(400-j1160)/941\fallingdotseq 0.425-j1.23$〔A〕,

$I=\sqrt{0.425^2+1.23^2}\fallingdotseq 1.30$〔A〕

4. $\dot{Z}_R=50\Omega$, $\omega=2\pi f=2\times\pi\times 50=100\pi$〔rad/s〕, $\dot{Z}_L=jX_L=j\omega L=j(100\pi\times 0.4)=j40\pi$〔Ω〕, $\dot{Z}_C=-jX_C=-j(1/(\omega C))=-j\{1/(100\pi\times 0.5\times 10^{-3})\}=-j(20/\pi)$〔Ω〕これらの値より,

$$\dot{I}_R=\frac{\dot{V}}{\dot{Z}_R}=\frac{200}{50}=4\text{A}\quad \dot{I}_L=\frac{\dot{V}}{\dot{Z}_L}=\frac{200}{j40\pi}\fallingdotseq -j1.59\,〔\text{A}〕\quad \dot{I}_C=\frac{\dot{V}}{\dot{Z}_C}=\frac{200}{\frac{-j20}{\pi}}\fallingdotseq j31.4\,〔\text{A}〕$$

$$\dot{I}=\dot{I}_R+\dot{I}_L+\dot{I}_C=4-j1.59+j31.4\fallingdotseq 4+j29.8\,〔\text{A}〕$$

$$I=\sqrt{4^2+29.8^2}\fallingdotseq 30.1\text{A}$$

5. $R_1(R_3+j\omega L_3)=R_4(R_2+j\omega L_2)$ より,

$R_1R_3=R_2R_4$(実数部), $\omega L_3R_1=\omega L_2R_4$(虚数部)

$$R_2=\frac{R_1R_3}{R_4}=\frac{50\times 100}{40}=125\Omega\qquad L_2=\frac{L_3R_1}{R_4}=\frac{6\times 10^{-3}\times 50}{40}=7.5\text{mH}$$

6. $\dot{V}=-jX_C\dot{I}_2$(第2法則)なので, $200=-j100\dot{I}_2$ より $\dot{I}_2=j2.00$〔A〕
$0=-(-jX_C\dot{I}_2)+(R+jX_L)\dot{I}_3$(第2法則)なので, $0=j100\dot{I}_2+(50+j50)\dot{I}_3$ より, $\dot{I}_3=2.00-j2.00$〔A〕

$$\dot{I}_1=\dot{I}_2+\dot{I}_3\ (\text{第1法則})=j2.00+2.00-j2.00=2.00\text{A}$$

第6章

練習問題

6.1 ① 相　② 線間　③ 相　④ 線

6.2 (1) (a) Y結線　(b) △結線　(2) (b)　(3) (a)

6.3 b相: $200\sqrt{2}\angle(-2/3)\pi$〔V〕　c相: $200\sqrt{2}\angle(-4/3)\pi$〔V〕

6.4 $\dot{V}_a=100-j100\sqrt{3}$〔V〕　$\dot{V}_b=-200$V

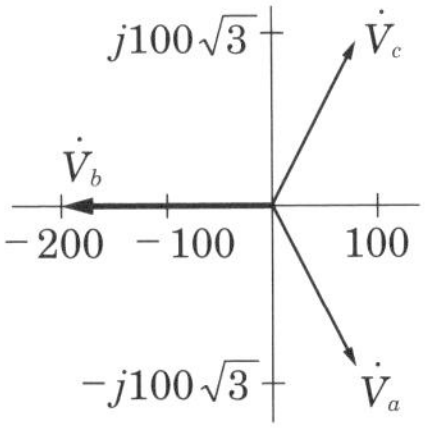

解図19

6.5 ① 線間　② 相　③ $\pi/6$　④ $\sqrt{3}$　⑤ 線　⑥ 線　⑦ 相
⑧ $\pi/6$　⑨ $\sqrt{3}$　⑩ 線間

6.6 回路(a)Y結線の場合

(1) 線間電圧 $= V = 200\text{V}$

(2) Y結線三相交流回路の線間電圧は，相電圧の $\sqrt{3}$ 倍である．したがって相電圧 $= V/\sqrt{3} = 200/\sqrt{3} \fallingdotseq 115\text{V}$

(3) 各相のインピーダンスは R と X_L との直列接続なので，インピーダンスの大きさ $= \sqrt{R^2 + X_L{}^2} = \sqrt{10^2 + 8^2} \fallingdotseq 12.8\Omega$

(4) RL 直列回路の力率 $\cos\theta = R/Z = 10/12.8 \fallingdotseq 0.781$（78.1%）

(5)，(6) Y結線三相交流回路の相電流と線電流は等しい．相電流 = 線電流 = 相電圧 $/ Z = 115/12.8 \fallingdotseq 8.98\text{A}$

(7) 相電力 = 相電圧 × 相電流 × 力率 $= 115 \times 8.98 \times 0.781 \fallingdotseq 807\text{W}$

(8) 三相電力 = 3 × 相電力 $= 3 \times 807 \fallingdotseq 2.42\text{kW}$

回路(b)△結線の場合

(1)，(2) △結線三相交流回路の線間電圧は，相電圧に等しい．線間電圧 = 相電圧 $= V = 200\text{V}$

(3) 各相のインピーダンスは，いずれも R と X_L との直列接続である．したがって，インピーダンスの大きさは $\sqrt{R^2 + X_L{}^2} = \sqrt{10^2 + 8^2} \fallingdotseq 12.8\Omega$

(4) RL 直列回路の力率 $\cos\theta = R/Z = 10/12.8 \fallingdotseq 0.781$（78.1%）

(5)，(6) 相電流 = 相電圧 $/ Z = 200/12.8 \fallingdotseq 15.6\text{A}$，△結線では，線電流は相電流に対して $\sqrt{3}$ 倍となる．線電流 = 相電流 × $\sqrt{3} = 15.6 \times \sqrt{3} \fallingdotseq 27.0\text{A}$

(7) 相電力 = 相電圧 × 相電流 × 力率 $= 200 \times 15.6 \times 0.781 \fallingdotseq 2.44\text{kW}$

(8) 三相電力 = 3 × 相電力 $= 3 \times 2.44 \times 10^3 = 7.32\text{kW}$

6.7 Y結線では，相電圧 = 線間電圧 $/ \sqrt{3}$，相電流 = 線電流なので，三相電力 = 3 × 相電圧 × 相電流 × $\cos\theta = 3 \times (200/\sqrt{3}) \times 2 \times 0.9 \fallingdotseq 624\text{W}$

6.8 △結線では，相電圧 = 線間電圧，相電流 = 線電流 $/ \sqrt{3}$ なので，三相電力 = 3 × 相電圧 × 相電流 × $\cos\theta = 3 \times 200 \times (2/\sqrt{3}) \times 0.9 \fallingdotseq 624\text{W}$

6.9 線電流 = 三相電力 / {3 × (線間電圧 $/ \sqrt{3}$) × $\cos\theta$} $= 10 \times 10^3 / \{3 \times (200/\sqrt{3}) \times 0.8\} \fallingdotseq 36.1\text{A}$

6.10 ① 最大値　② 周波数　③ 位相　④ 直流　⑤ 基本　⑥ 高調

6.11

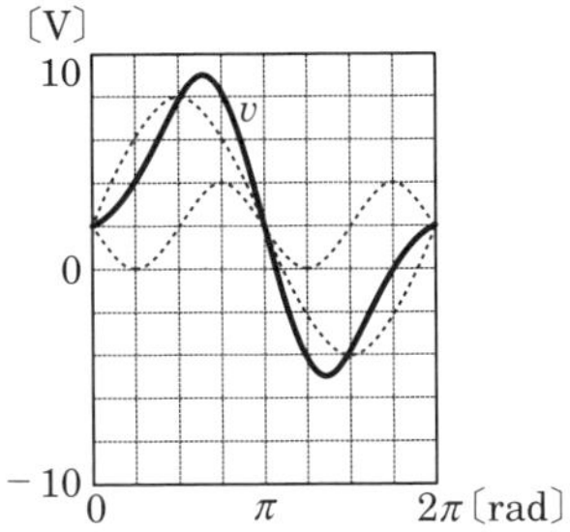

解図20

6.12 $50 \times 4 = 200\text{Hz}$

6.13 第3調波の角周波数$\omega_3 = (\omega_2 / 2) \times 3 = (20\pi / 2) \times 3 = 30\pi$なので，第3調波の周波数$f_3 = \omega_3 / 2\pi = 30\pi / 2\pi = 15\text{Hz}$

6.14 基本波$v_1 = 100\sqrt{2}\ \sin\ \omega t$，第2調波$v_2 = 80\sqrt{2}\ \sin\ 2\omega t$，第3調波$v_3 = 40\sqrt{2}\ \sin\ 3\omega t$ごとの電流$i_1, i_2, i_3$の和を求める．

基本波，第2調波，第3調波の電圧，電流，インピーダンスを$\dot{V}_1$，$\dot{V}_2$，$\dot{V}_3$，$\dot{I}_1$，$\dot{I}_2$，$\dot{I}_3$，$\dot{Z}_1$，$\dot{Z}_2$，$\dot{Z}_3$とすると，

$$\dot{V}_1 = 100\text{V},\quad \dot{V}_2 = 80\text{V},\quad \dot{V}_3 = 40\text{V}$$

$$\dot{Z}_1 = R + j\omega L = 5 + j(100 \times 20 \times 10^{-3}) = 5 + j2 \ 〔\Omega〕$$

$$\dot{Z}_2 = R + j2\omega L = 5 + j(200 \times 20 \times 10^{-3}) = 5 + j4 \ 〔\Omega〕$$

$$\dot{Z}_3 = R + j3\omega L = 5 + j(300 \times 20 \times 10^{-3}) = 5 + j6 \ 〔\Omega〕$$

$$\dot{I}_1 = \frac{\dot{V}_1}{\dot{Z}_1} = \frac{100}{5 + j2} = \frac{500 - j200}{29} \fallingdotseq 17.2 - j6.90$$

$$= \sqrt{17.2^2 + 6.90^2}\underline{/\tan^{-1} - 6.90 / 17.2} \fallingdotseq 18.5\underline{/-21.9^\circ} \ 〔\text{A}〕$$

$$\dot{I}_2 = \frac{\dot{V}_2}{\dot{Z}_2} = \frac{80}{5 + j4} = \frac{400 - j320}{41} \fallingdotseq 9.76 - j7.80$$

$$= \sqrt{9.76^2 + 7.80^2}\underline{/\tan^{-1} - 7.80 / 9.76} \fallingdotseq 12.5\underline{/-38.6^\circ} \ 〔\text{A}〕$$

$$\dot{I}_3 = \frac{\dot{V}_3}{\dot{Z}_3} = \frac{40}{5 + j6} = \frac{200 - j240}{61} \fallingdotseq 3.28 - j3.93$$

$$= \sqrt{3.28^2 + 3.93^2}\underline{/\tan^{-1} - 3.93 / 3.28} \fallingdotseq 5.12\underline{/-50.2^\circ} \ 〔\text{A}〕$$

以上の結果より，

$$i = i_1 + i_2 + i_3$$

$$= 18.5\sqrt{2}\sin(\omega t - 21.9^\circ) + 12.5\sqrt{2}\sin(2\omega t - 38.6^\circ) + 5.12\sqrt{2}\sin(3\omega t - 50.2^\circ) 〔\text{A}〕$$

6.15 ① 過渡現象　② 時定数　③ 変化率　④ R　⑤ 時間的積算値　⑥ C
⑦ $\ll$　⑧ $\gg$

6.16 ① 5.00　② 3.35　③ 2.74　④ 1.51　⑤ 0.68　⑥ 0.09

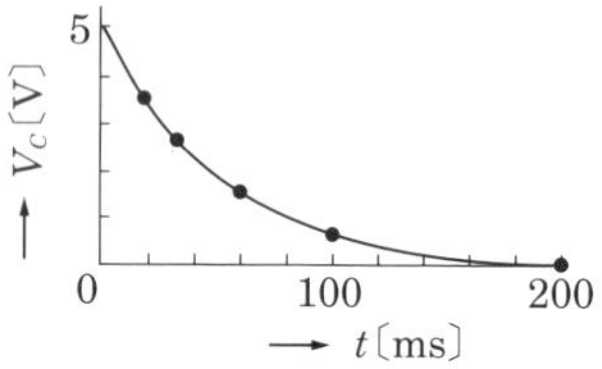

解図21

6.17

(1) $\tau = RC = 300 \times 5 \times 10^{-6} = 1.50\text{ms}$, $T = 2.3\tau = 2.3 \times 1.5 \times 10^{-3} = 3.45\text{ms}$

(2) $\tau = RC = 10 \times 10^3 \times 12 \times 10^{-12} = 120\text{ns}$, $T = 2.3\tau = 2.3 \times 120 \times 10^{-9} = 276\text{ns}$

(3) $\tau = RC = 6 \times 10^6 \times 8 \times 10^{-12} = 48\mu\text{s}$, $T = 2.3\tau = 2.3 \times 48 \times 10^{-6} \fallingdotseq 110\mu\text{s}$

章末問題

1. a相： $200\sqrt{2}\angle(2/3)\pi$ 〔V〕　c相： $200\sqrt{2}\angle(-2/3)\pi$ 〔V〕

2. Y結線では，相電圧 = 線間電圧 / $\sqrt{3}$，相電流 = 線電流なので，三相電力 = 3 × 相電圧 × 相電流 × $\cos\theta = 3 \times (200/\sqrt{3}) \times 5 \times 0.8 \fallingdotseq 1.39\text{kW}$

3. △結線では，相電圧 = 線間電圧，相電流 = 線電流 / $\sqrt{3}$なので，三相電力 = 3 × 相電圧 × 相電流 × $\cos\theta = 3 \times 200 \times \dfrac{5}{\sqrt{3}} \times 0.8 \fallingdotseq 1.39\text{kW}$

4. 線電流 = 三相電力 / {3 × (線間電圧 / $\sqrt{3}$) × $\cos\theta$} $= 50 \times 10^3 / \{3 \times (200/\sqrt{3}) \times 0.9\} \fallingdotseq$ 160A

5. ひずみ率 $k = \sqrt{V_2^2 + V_3^2} / V_1 = \sqrt{10^2 + (-5)^2} / 120 \fallingdotseq 9.32\%$

6. 基本波$v_1 = 200\sqrt{2}\sin\omega t$，第2調波$v_2 = 100\sqrt{2}\sin 2\omega t$，第3調波$v_3 = 50\sqrt{2}\sin 3\omega t$ごとの電流 i_1, i_2, i_3 の和を求める．

基本波，第2調波，第3調波の電圧，電流，インピーダンスを $\dot{V}_1$，$\dot{V}_2$，$\dot{V}_3$，$\dot{I}_1$，$\dot{I}_2$，$\dot{I}_3$，$\dot{Z}_1$，$\dot{Z}_2$，$\dot{Z}_3$とすると，

$$\dot{V}_1 = 200\text{V},\quad \dot{V}_2 = 100\text{V},\quad \dot{V}_3 = 50\text{V}$$

$$\dot{Z}_1 = R + j\omega L = 10 + j(50 \times 80 \times 10^{-3}) = 10 + j4 \text{〔Ω〕}$$

$$\dot{Z}_2 = R + j2\omega L = 10 + j(100 \times 80 \times 10^{-3}) = 10 + j8 \text{〔Ω〕}$$

$$\dot{Z}_3 = R + j3\omega L = 10 + j(150 \times 80 \times 10^{-3}) = 10 + j12 \text{〔Ω〕}$$

$$\dot{I}_1 = \frac{\dot{V}_1}{\dot{Z}_1} = \frac{200}{10 + j4} \fallingdotseq 17.2 - j6.90$$

$$= \sqrt{17.2^2 + 6.90^2} \underline{/ \tan^{-1} - 6.90 / 17.2} \fallingdotseq 18.5 \underline{/ -21.9^\circ} \text{ [A]}$$

$$\dot{I}_2 = \frac{\dot{V}_2}{\dot{Z}_2} = \frac{100}{10 + j8} \fallingdotseq 6.10 - j4.88$$

$$= \sqrt{6.10^2 + 4.88^2} \underline{/ \tan^{-1} - 4.88 / 6.10} \fallingdotseq 7.81 \underline{/ -38.7^\circ} \text{ [A]}$$

$$\dot{I}_3 = \frac{\dot{V}_3}{\dot{Z}_3} = \frac{50}{10 + j12} \fallingdotseq 2.05 - j2.46$$

$$= \sqrt{2.05^2 + 2.46^2} \underline{/ \tan^{-1} - 2.46 / 2.05} \fallingdotseq 3.20 \underline{/ -50.2^\circ} \text{ [A]}$$

$$\therefore \quad i = i_1 + i_2 + i_3$$

$$= 18.5\sqrt{2} \sin(\omega t - 21.9^\circ) + 7.81\sqrt{2} \sin(2\omega t - 38.7^\circ) + 3.20\sqrt{2} \sin(3\omega t - 50.2^\circ) \text{ [A]}$$

索　引

【監修者紹介】

浅川毅（あさかわ・たけし）
 学　歴 東京都立大学大学院 工学研究科博士課程修了
    博士（工学）
 職　歴 東海大学 情報理工学部 コンピュータ応用工学科 教授
    第一種情報処理技術者
 著　書 「論理回路の設計」コロナ社
    「電気・電子回路計算法入門講座」電波新聞社
    「PIC アセンブラ入門」東京電機大学出版局　ほか

電気計算法シリーズ
回路理論の計算法　第2版

2003年11月20日　第1版1刷発行	ISBN 978-4-501-11260-8 C3054
2005年 3月30日　第2版1刷発行	
2022年 4月20日　第2版6刷発行	

監修者　浅川毅
編　者　東京電機大学
　　　　Ⓒ Asakawa Takeshi, Tokyo Denki University 2005

発行所　学校法人 東京電機大学　〒120-8551　東京都足立区千住旭町5番
　　　　東京電機大学出版局　　Tel. 03-5284-5386（営業）03-5284-5385（編集）
　　　　　　　　　　　　　　　Fax. 03-5284-5387　振替口座 00160-5-71715
　　　　　　　　　　　　　　　https://www.tdupress.jp/

JCOPY <(社)出版者著作権管理機構 委託出版物>
本書の全部または一部を無断で複写複製（コピーおよび電子化を含む）することは，著作権法上での例外を除いて禁じられています。本書からの複製を希望される場合は，そのつど事前に，(社)出版者著作権管理機構の許諾を得てください。
また，本書を代行業者等の第三者に依頼してスキャンやデジタル化をすることはたとえ個人や家庭内での利用であっても，いっさい認められておりません。
［連絡先］Tel. 03-5244-5088, Fax. 03-5244-5089, E-mail: info@jcopy.or.jp

印刷：三立工芸（株）　　製本：渡辺製本（株）　　装丁：高橋壯一
落丁・乱丁本はお取り替えいたします。　　　　　　　　Printed in Japan